中国文化

饮食

刘军茹 著

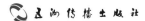

五洲传播出版社

图书在版编目（ＣＩＰ）数据

饮食 / 刘军茹著 . 北京：五洲传播出版社，2014.1（2017.11 重印）
（中国文化系列 / 王岳川主编）
ISBN 978-7-5085-2719-2

Ⅰ . ①饮… Ⅱ . ①刘… Ⅲ . ①饮食－文化－中国 Ⅳ . ① TS971

中国版本图书馆 CIP 数据核字 (2013) 第 321138 号

中国文化系列丛书

主　　　编：王岳川
出　版　人：荆孝敏
统　　　筹：付　平

中国文化·饮食

著　　　者：刘军茹
责 任 编 辑：高　磊
图 片 提 供：FOTOE　中新社
装 帧 设 计：丰饶文化传播有限责任公司
出 版 发 行：五洲传播出版社
地　　　址：北京市海淀区北三环中路 31 号生产力大楼 B 座 7 层
邮　　　编：100088
电　　　话：010-82005927，82007837
网　　　址：www.cicc.org.cn
承 印 者：北京浙京印刷有限公司
版　　　次：2017 年 11 月第 1 版第 2 次印刷
开　　　本：889×1194mm 1/16
印　　　张：10
字　　　数：180 千字
定　　　价：56.00 元

目录

前言

　　关于饮食，中国有一句流传甚广的俗语——"民以食为天"，足见"吃"在中国人生活中的重要地位。吃，不仅为饱腹，有得吃、能吃、会吃更被视为一种"福气"。后世推崇饮食文化的人常常引用中国古代著名思想家孔子的话——"饮食男女，人之大欲存焉"，为这种享受生活的态度找到积极的正面的思想依据。"吃"是人的本能欲望和天理，享受生活而不过度，中庸调和而不极端，这种"中和"思想被认为是儒家思想的核心；同时，道家追求自然、天人合一的哲学思想也深深地影响着并融入了中国人的日常生活。而孔子"未知生，焉知死？"的回答清晰地表明

2013 年 10 月 18 日，南京美食节餐饮博览会现场，参赛美食作品展示评比。

了中国人对待生命等哲学问题的具体而实用的态度，这不同于西方的形而上的纯粹思辨性。也就是说，中国人的精神哲学往往与物质生活融为一体，是在具体的生活事务中体现出对世界和人生的理解，而其中最具体的生活恐怕就莫过于吃了。

中国人重视吃，也会吃。尤其是烹饪技巧，在许多外国人看来不可食的原料，经过中国厨师的一番加工，就变成了一道道可口的美味，这里的关键就是菜肴的调和艺术。中国人把不同味道的食材放在一起烹制，产生出不一样的味道，再加上各种调料和辅料，不断调和，使之互相补充和渗透，制作出各式美味，这种极具想象力的调和不就是一种艺术吗？中国哲学思想认为没有绝对的、单一的事物，强调在动态中调和，最后趋于平衡，而其间的变化主要是靠直觉而不是理智的判断。中国菜的美味秘密就在于这种带有高度个人悟性的调和艺术，讲究的是分寸，局部的变化和整体的配合。这是中国烹饪艺术的精要之处，也是最难把握最难言说之处，当然也是中国饮食的美妙之处。

像许多地域广阔的国家一样，中国饮食地方口味的最大分野也是以南北而论的。中国最好的大米产自北方的东北地区，但北方人最喜欢吃的还是面食，北方地区的菜式以北京的涮羊肉和烤鸭、山东的鲁菜最为经典；南方的主食是米制食品，菜式则相对丰富，既有重辣味的川菜、湘菜，也有重甜鲜口味的淮扬菜、重海鲜汤品的粤菜。因此，到过中国的外国人，不仅常常惊叹中国各地食品种类之繁多，而且更加艳羡中国菜口味的变化多端。

2013 年 11 月 12 日晚，由中国烹饪协会主办的"中国美食走进联合国"活动在纽约联合国总部拉开帷幕。联合国秘书长潘基文在当晚的活动上畅谈对中国饮食文化的感受，并用中文说"民以食为天"、"祝大家好胃口"。

2003 年 10 月 17 日，法国巴黎，中国美食周开幕式上，中国厨师表演做龙须面。

2010 年 5 月 16 日，参加第 35 届国际比基尼小姐大赛全球总决赛的部分选手在北京学做中国菜，体验中国饮食文化。

　　尽管各地菜肴的口味不同，但"色香味"俱佳的菜品准则是一致的。菜肴的形和色是外在的东西，而味却是内在的东西。既重视内在又强调外表，这也是中国饮食观的重要方面。所以，吃中国菜不仅满足人的味觉，视觉上也是一种享受。为使食物色美，厨师通常选用适当的荤素食物，包括一种主料和两三种不同颜色的配料，在青、绿、红、黄、白、黑、酱等各色中调配，使用适当的烹调技法以使菜色美观。"香"，是通过加入适当的香料，如葱、姜、蒜、酒、八角、桂皮、胡椒、麻油、香菇等，使烹煮的食物气味香喷，激发食客的食欲。烹调各种食物时，采用煎、炒、烧、蒸、炸、爆、炖等多种技巧，既注重保持食物的原汁原味，又可适量加入各种调味品，使菜肴具有咸、甜、酸、辣等不同的味道。有的厨师还用蕃茄、萝卜、黄瓜等做成各式各样的盘花，配上精美的瓷器餐具，使得中国的"吃"成为真正的色香味俱全的饮食艺术。

　　比起美国人计算食物的热量和胆固醇含量以保持身体健康或身材骄人、日本人热衷于尝试各种保健食品以葆青春，中国人健康饮食的意识则体现在"医食同源"的膳食平衡理论中。由于深信食物有调养身体、治愈疾患的功效，许多可食用的植物因具有预防疾病和保健的功能而成为中国人的家常菜。同时，中式烹饪讲求"食不厌精、脍不厌细"，非常注意菜量的调配和荤素搭配，不论做菜做汤，都将各种营养成分作适当配比，从而达到营养与养生的目的。而在食量上，中国世代相传的长寿秘诀之一就是吃饭要吃七八分饱。

中国人节日期间的食俗，集中体现了人们祈福平安和谐的愿望。尤其是中国最大的传统节日春节，从年三十的团圆饭，到正月里的相互宴请，从象征着年年有余的鲜鱼，到寄寓吉祥的饺子，无不饱含着人们对家人和朋友的美好祝福。此外，中国人的许多礼仪，比如结婚吃喜糖、生日吃寿面，也都与饮食有着割不断的联系。中国人最讲究餐桌礼仪，有着一套严格的规范，例如吃饭时必须坐着进食，男女老少同席须先让长者入席，吃菜用筷子夹着吃，喝汤一定要用汤匙盛着喝，吃饭时不大声喧哗等。这种传统礼仪到了今天，最大的变化莫过于进餐时越来越多的人主动放弃了"食不言"的古训。的确，与中国人一起吃饭，常常会发觉进餐的环境很吵，很多人满嘴食物却还交头接耳。这种情形主要是由于现代的中国人已把吃饭当成了重要的社交机会，人们需要在这个放松的时刻、和睦的气氛下谈些轻松愉快的话题，以增进彼此的了解和感情。

中国饮食文化还把"吃"引申到其他领域，我们从大众语汇的构成可以看出，比如被人打了嘴巴叫"吃耳光"，被冷落叫"吃闭门羹"，受到损失叫"吃亏"，非常走红叫"吃香"，表示事态的严重性"吃不了兜着走"。见面打招呼，西方人说早安，中国人喜欢说"吃了吗"……"吃"无所不在。这也从侧面表明"吃"对中国人深层的思想文化的影响。

讲吃福的中国人，在日常生活中处处体现着吃的乐趣、吃的悠闲，追寻着中国人自己的"吃的艺术"。无论生活是悲是喜，是富贵还是贫穷，都乐天知命，享受生活，热爱生活。一壶清茶，一杯浊酒，悠然而自得，充分体现出中国人中和包容、强调领悟以及重视自然、天人合一、阴阳平衡的文化思想和美学追求。而这种饮食文化对于世界多元文化的影响已经远远超过了饮食本身。

中国人悠久而独特的饮食文化远播海外，对世界的贡献不逊于古代的四大发明：中国人培植的大豆，为世界开发了一种重要的植物蛋白资源；茶叶，给世界提供了一种提神解渴、方便价廉的饮料；中国的筷子和陶瓷餐具，风行世界上千年，成为实用艺术器具的典范；世界上可能再也没有一个国家像中国这样有着如此众多的美味佳肴和精湛的烹调技艺……如今，在世界各地几乎都可以吃到中国菜，不少外国人不但爱吃中国菜，而且还想学习中国烹饪，"学烧中国菜"也成为许多国家年轻人的一种时尚。到中国旅行的外国人，都把能吃到正宗的中国美食作为最大的乐趣和收获。当然，随着中国的对外开放，世界各国的饮食也纷纷在中国各大都市亮相，意大利的匹萨、法式大餐、日式料理、美国的汉堡、德国的啤酒、巴西烤肉、印度咖喱、瑞士的乳酪等，可谓应有尽有，包罗万象，"吃在中国"这句话更加名副其实了。

食源寻踪

世界各地的饮食习惯之所以有很大的差异，应当归结为生态的限制、人口的数量、生产力的水平等几种因素的合力。长期耕种土地的经验，使中国人认识了许多西方人所不知道的可食用的植物，而且还发现人类生存必需的大部分营养成分都可以从植物身上获得。中国人的饮食从先秦开始，就是以谷物为主，肉少粮多。与西方人过多地食用动物性食物的饮食结构相比，中国人以粮食为主食，鱼、肉、蛋、奶、菜为副食的饮食习惯，在许多营养学家看来，不但有利于营养和健康，而且也符合当今全球提倡的节能环保观念。

传统的食物

有一种说法：世界各地的饮食习惯之所以有很大的差异，应当归结为生态的限制、人口的数量、生产力的水平等几种因素的合力。大部分的肉类食谱都出现在人口密度相对较低、土地不需要或不适宜用作耕地的地区，对肉食的依赖可能促进了这些地区分享、交换的经济活动；与此相对，食物中肉食较少，而以谷物和植物的根茎叶为主的饮食习惯，总是跟巨大的人口压力、耕地面积有限、肉类供应能力不足的环境相联系，那里的食物供给更多依靠的是自给自足的生产方式。当然，

湖南省安仁县农民在一年一度的开耕仪式上犁田。该仪式是为感谢神农炎帝在该县"尝百草治病、教农种五谷"的恩泽，祈求一年风调雨顺、农业丰收，已流传几千年。

西藏堆龙德庆县村民表演藏戏喜迎"望果节"。"望果节"广泛流行于西藏农区。每年在庄稼黄熟、准备开镰之前，藏族农民身着节日服装，手捧预示五谷丰登的"切玛"（五谷斗）和青稞酒，载歌载舞欢庆预祝丰收的"望果节"。

饮食习惯没有好坏优劣之分，也并非亘古不变，而随着世界范围的人口流动，曾经固守一地的饮食传统也可能被越来越多的人所接受，其自身也有了更大的包容力。人们或许可以从源远流长的中国饮食文化中看到人类共同的发展足迹。

中国是世界农业的起源地之一，而且很早就发明了引水造渠、利用山坡发展灌溉农业等耕作方式。早在公元前 5400 年左右，黄河流域就已经种粟，并已使用土窑储藏粮食；公元前 4800 年左右，长江流域已经种稻。自进入农业社会开始，中国人就形成了以粮食为主、肉食为辅的食物结构，并且延续至今。

中国有一部古老的著作《黄帝内经》这样描述中国人的食物结构："五谷为养，五果为助，五畜为益，五菜为充。"谷、果、菜都是植物类食物。粮食作物古称"五谷"或"六谷"，包括黍、稷、麦、菽、

贵州雷山苗族农家的梯田金黄迷人，丰收在望。

麻、稻等六大类。黍，又称黄米，颗粒细小，色黄而黏。稷，即今天的小米，有"五谷之长"的说法。黍和稷都是中国的原生作物，在史前传至欧洲，是古中国北方主要的粮食作物。菽，豆类的总称，是中国人食用蛋白质的主要来源。麦与稻不是中国的原生作物。一般认为稻起源于印度和东南亚，在中国新石器早期的河姆渡文化（约前 5000—前 3000）遗址中发现了世界上最早的稻米栽培。麦的原生地在中亚及西亚一带，约在新石器时期由西北传入中国。此外，高粱也是中国原生的农作物，在公元 1 世纪时传至印度和波斯（今伊朗）。中国人每逢春节都会用"五谷丰登"这句成语祝福新的一年国泰民安，可见在这个"民以食为天"的大国，粮食生产自古以来就有着特别重要的意义。

长期耕种土地的经验，使中国人认识了许多西方人所不知道的可食用的植物，而且还发现人类生存必需的大部分营养成分都可以从植物身上获得。中国人经常食用的豆类、大米、黍、小米等食物都富含蛋白质、脂肪和碳水化合物。

用粮食做成的食品有很多花样。中国北方人的传统食物以小麦为主，餐桌上的主要内容是各种面食——小麦磨成的面粉做成的馒头、饼、面条、包子、饺子、馄饨等；而以稻米为主食的南方地区，餐桌上常见的主食除了米饭外，还有米线、米粉、米糕、麻糍、汤圆等各类米制食品。稻米自南而北、麦类自西而东的传播，对中国人饮食习惯的形成产生了巨大的影响。

饼是较早出现的面食，最早的做法是把谷粒捣成粉，加水团和，而后在热汤里煮。后来陆续有了蒸、烙、烘烤、煎炸等做法。饼也是花样最多的面食，不仅大小薄厚都有，还分有馅儿的和无馅儿的，馅儿的种类不下几十种。无馅儿的还有单层或多层的做法，技术高的能做出十几层而薄如纸张的饼。烧饼是最大众化的烤烙面食，别看简单，却是面食中的美味，南北各地都有。

面条也是一种常见的传统面食，最早的做法也不过是用热汤煮，宋代（960—1279）以后才有了加入各种荤素"浇头"的吃法。看似简单的面条制作起来并不简单，要运用擀、搓、切、抻、捏、卷、模压、刀削等多种技法。面条与中国的节令风俗密切相关：北方有"二月二，龙抬头"吃龙须面的风俗，意在祈求风调雨顺；南方一些地方，大年初一吃"新年面"；此外，庆祝生日要吃"长寿面"，小孩满月要吃"汤面宴"，等等。

贵州都匀的水族娶亲背新娘，除了村寨的一支长长的娶亲队伍，还要从娘家带回"五谷"与嫁妆。

四川南充，幼儿园的孩子们在 10 月 16 日世界粮食日到来之际，学习辨认"五谷杂粮"。

山西面食种类繁多，有据可查的就有 280 种之多，其中尤以刀削面名扬海内外，被誉为中国著名的五大面食之一。图为厨师表演头顶刀削面。

　　传统的面食类制品还有饺子和馄饨。南方人爱吃馄饨，北方人爱吃饺子，两者的原料和制法大致相同，都是用薄皮裹馅，或煮或蒸或煎炸。不同的是，馄饨的形状像西方修女的帽子，而饺子的形状像中国古代的元宝，因此，饺子被视作喜庆和发财的象征，是年节中少不了的食品。总的来说，北方的饺子，千百年来从形式到内容似乎没有多大的变化，风格也比较固定。而南方的馄饨却在不断地花样翻新，各地的名称也不一样，如四川叫"抄手"，广东叫"云吞"，湖北叫"包面"，江西叫"清汤"，等等。

　　中国人大约在公元 3 世纪掌握了面粉的发酵技术，使用容易发酵的米汤作"引子"发面，后来又尝试用碱中和发面。馒头就是发酵技术发明后最普通的一种面食。而蒸笼、煎铛等炊具的发明和使用，同发酵技术一样为丰富面食的种类提供了方便和可能。

　　米饭是最常见的米类食品，也是中国南方人最重要的日常主食，但更能代表中国传统米制食品的还是"粥"。粥在中国已有数千年的历史，各地食粥风俗各异，粥的种类也数不胜数，仅食材就分谷、蔬菜、水果、花卉、草药、动物六大类。而"以羹浇饭"的吃法也是很早以前就有的。

40 年前，大米、白面还被中国人称为"细粮"，绝大多数老百姓还不能每顿都吃得上；与之相对的"粗粮"才是真正的主要食品，包括玉米、小米、高粱米、荞麦、燕麦、薯类、豆类等。经过数千年的积累，这些粗杂粮的食用也慢慢形成了一套成形的系统的制作工艺，比如小米，吃法就很多，小米可以和大米一起煮粥，还有小米煎饼、小米窝头，等等。玉米，除了熬粥，还可以煮鲜玉米，制成玉米糕、玉米饼、窝头、玉米面饺子、包子，等等。这些以前由于生活水平制约而常吃的粗杂粮，恰恰被现代医学和营养学认为是平衡饮食、促进健康、防治疾病的最佳食物。

在各类杂粮中，大豆的贡献最大。大豆的种植最早见于西周（前 1046—前 771），本是农民的食物，直到西汉时期（前 206—公元 25）豆腐出现后，才被官僚、文人阶层逐渐接受。时至今日，

新疆喀什街头的各式面食制品。这种口味醇香、不易变质的食品，是当地人出行途中的主要给养。

各种豆腐制品和豆奶制品已有上百种。中国人培植的大豆和大豆制品，为人类饮食提供了一种重要的植物蛋白来源和多种优质调味品。与西方人普遍使用黄油和其他动物油脂不同，中国人多用植物油，大豆油最常见，此外还有菜籽油、花生油、玉米油等。大豆制成的豆腐介于主、副食之间，后来又发展出多种菜式，成为中国典型的家常菜。豆腐原本是中国的一大发明，后来传入日本，制成"内酯豆腐"，不但含有较高的蛋白质、脂肪和多种维生素，营养丰富，而且细嫩滑爽，味道鲜美。

在先秦时期（公元前221年以前）的中国典籍中，最常出现的水果是桃、李、枣，其次是梨、梅、杏、榛、柿、瓜、山楂、桑椹，其他如杞、花红、樱桃也偶尔会出现。这些大多是中国北方原生的温带果树，或是史前就传入中国的物种。其中，桃、李、枣、栗常常被用来当作祭礼或馈礼之用。桃大约在公元前1、2世纪由中国西北经中亚传入波斯，后经波斯传入希腊和欧洲各国，并非像当时西方人认为的那样原产于波斯。而许多原产于中国南方的水果，包括橘、柚、柑、橙、荔枝、龙眼、林檎（又称花红）、枇杷、杨梅等也逐渐在更广的区域被食用。

中国人的饮食从先秦开始，就是以谷物为主，肉少粮多，随着蔬菜种植技术的提高，蔬菜也不再是富贵人家独享的美食了。中国人吃的蔬菜品种，在世界上恐怕是最多的了，常见

贵州民间传统的石磨豆腐

山东济南柳埠镇的旅游暨农产品展示推介会上，五谷杂粮及板栗、柿子、核桃等农副产品以及依托这些农产品深加工生产的糖酥煎饼、山楂饼、核桃粉、菜豆腐等激起城里人的极大兴趣。

的有白菜、萝卜、茄子、黄瓜、豆角、韭菜、冬瓜、菌类、笋、各种菜豆以及并未大量栽种的野菜。蔬菜最早主要是为了助饭下咽，是相对于主食的辅助性食物，后来却促进了烹饪手段的进步。各种蔬菜的根茎叶可生吃可熟吃、可晾干储藏，亦可腌制烹饪成各式小菜，口感和味道变得丰富多样。中国人喜欢吃蔬菜瓜果，还在于中国饮食烹调方法的特殊性，各种植物的根茎叶煮了放在碗里，用筷子夹了吃，这在西洋料理上往往是没办法做到的。

古代中国人在由渔猎生活向农业社会转变的过程中，由于蔬菜的栽培技术尚不成熟，肉食也曾经是副食的重要组成部分。农业社会时期的中国人以牛、羊、豕（猪）为三牲，祭祀或宴飨时，三牲齐备是最隆重的礼；马、牛、羊、鸡、犬（狗）、豕则合称"六畜"。由于受人口密度相对较大及环境的限制等因素的影响，马、牛更多地作为农业生产的重要工具，而非饲养以供食用，因此直至宋代，中国人都视牛肉为美食。与之不同的是，中国人较早就有了吃羊肉的习惯，羊肉

春节将近，南京新街口的商家搭建由稻谷、麦穗、花生等"五谷杂粮"组成的巨型粮仓，烘托节日气氛。

一对北京小姐妹在端午节民俗游园活动中推动碾子磨五谷杂粮，体验先民古朴的田园生活。

中羔羊肉为上品，汉字"美"的造型和原义——"羊大为美"即与食羊有关。猪和鸡也是较早被驯化并食用的动物。而中国各地农村，除信仰伊斯兰教的民族外，有一个普遍特色是养猪。猪肉是中国最常见的肉类食品。与对待羔羊肉的态度相同，古代中国人认为小猪肉更好吃。在中国古代，狗是随时可以杀掉吃肉的，虽不及吃猪、吃鸡普遍，却也有过专门屠狗的职业。因为很早就发展了家禽养殖业，蛋类是中国人最常吃的动物类食品。中国人还发明了原始的孵蛋器、培育箱和许多养殖家禽的工具。而沿海地区的居民则以方便打捞的海产品和蔬菜为副食。

与西方人过多地食用动物性食物的饮食结构相比，中国人以粮食为主食，鱼、肉、蛋、奶、菜为副食的饮食习惯，在许多营养学家看来，不但有利于营养和健康，而且也符合当今全球提倡的节能环保观念。而随着现代人环保和健康意识的提高，自觉吃素的中国人也越来越多。

外来的食物

　　中国传统文化博大精深，是包容性、持久性很强的文化系统，体现出一种和谐包容、顺其自然的民族性格，在学习外来文明时大都能够为我所用、兼收并蓄、融为一体。饮食文化方面也是如此，中国人对于能吃或好吃的东西，不仅来者不拒，而且往往还会主动地"拿来"或"请来"，只要能吃的，几乎都吃，无所偏执。因此，食用物种和食品的交流与传播在中国从古至今都未曾中断过，这不仅扩大了中国人的食源，丰富了菜肴品种，也使中国人的饮食习惯发生着变化。

　　除了少量在先秦时期就已传入中国的食用物种外，更大规模的食物交流与传播发生在 2000 多年前国力强盛的西汉时期。葡萄、石榴、胡麻（芝麻）、胡豆（蚕豆）、胡桃（核桃）、胡瓜（黄瓜）、西瓜、甜瓜、胡萝卜、茴香、芹菜、胡荽（香菜）等原产于中国新疆或中亚、西亚等地的食用物种，通过当时著名的"丝绸之路"传入了汉民族聚居的中原地区。也正是从这一时期开始，中外交流日益密切，许多原产地不在中国的食品逐渐摆到了中国人的餐桌上。

　　玉米原产于美洲，经欧洲、非洲、西亚传入中国北方；马铃薯介于主食与蔬菜之间，通过东南沿海传入中国，最初只在福建、浙江一带种植，后来遍及南北东西；花生原产于美洲的巴西，果实既可熟食，也可用于榨油，花生油品味纯正，是植物油中的上品；向日葵 17 世纪由美洲传入中国，200 年后用于榨油，葵花籽油丰富了中国的油料种类；豆类中的绿豆原产于印度，北宋（960—1127）时传入中国；菠菜是唐太宗（627—649 年在位）时由波斯传入的；原产于印度的茄子在南北朝（420—589）时随佛教流入中国；甘蓝、番茄在明代（1368—1644）传入中国；菜花 19 世纪末才传入，至今只有百余年的历史。

2012 年中国玉米总产量为 20812 万吨，首次超过稻谷。玉米成为中国第一大粮食作物。

　　辣椒在中国是一种极为普遍的菜肴和调味料，而中国人吃辣椒的历史却不过 300 多年。史料记载，辣椒是在明朝末年，由海路从美洲的秘鲁、墨西哥传入中国的。糖是调料中最重要的甜味原料，是在唐太宗时由朝廷派遣使臣到中亚学习熬糖技术后才开始生产的。被中国人视为名贵食品的鱼翅、燕窝则是 14 世纪初从东南亚传入的，自清代（1616—1911）起成了一种奢侈品。

深秋初冬，安徽歙县的农户将收获的玉米、南瓜、茱萸、辣椒等晾晒在屋顶，形成一道独特的风景。

近年来，草莓采摘日益成为一种时尚，带动了各大城市周边休闲观光农业的发展。

　　早期传入中国的水果多来自西亚（如葡萄）、中亚（如早期的苹果）、地中海（如橄榄）、印度（如一些柑橘类）和东南亚（如椰子、香蕉）；菠萝、西红柿、番石榴、草莓、苹果、榴莲、葡萄柚等已广为现代中国人食用的水果则是在近代由东南亚、美洲或大洋洲传入的。

　　在菜肴方面，外来饮食最早进入中国食谱是在唐代。随着中西贸易的频繁往来，由阿拉伯人带来的食品派生出中国的清真菜肴，这对丰富中国饮食风俗和烹饪技艺都作出了不小的贡献。到了近现代，西餐传入中国，不仅许多通商口岸开有不同风味的西餐厅，而且还形成了一些中西合璧的烹饪技术，这在中国四大菜系之一的粤菜中表现得尤为突出。

　　随着现代西方文化的广泛传播，西式饮品如咖啡、汽水、果汁及啤酒、威士忌、红白葡萄酒等酒类对中国人而言也早已不是什么稀罕之物了。可可和咖啡虽然没有改变中国人饮茶的传统习惯，但在中国的食品制造业中却充当了重要角色，大大丰富了中国的饼干、糕点、糖果、冰淇淋等的花色品种。

　　几千年来，中国人在与自然的相融相存中逐渐形成了较强的适应能力和变通性，在吃的方面尤其明显，也正因此，外来食物才能够不断地通过各种途径传入中国。而外来食物的引进与改良创新，也给中

欧洲葡萄酒商在西安国际葡萄酒节期间参观中国葡萄酒企业。

国的传统烹饪带来了一些变革。西菜中做和中菜西做就是这种变革的集中表现形式，比如西洋鸭肝、西法大虾、纸包鸡、铁板牛肉等，都是融中西烹法为一炉的佳肴。

　　近年来，随着中外经济、文化交流的日益密切，动植物优良品种的引进已经成为中国进口贸易的一项重要内容，越来越多的外国食品进入了中国寻常百姓家。而中国政府也和其他国家一样，开始正视外来物种的大量引入或侵入对本国生物多样性的威胁，保护国家生态安全的相关法律法规已逐步建立。

食具与食制

中国食具的历史，大致经历了石制、陶制向青铜器、铁器等金属器皿转变的过程，而沿用至今且闻名于世的是各式"中国制造"的瓷制食具。精美的堪称艺术品的陶瓷食具与"食不厌精"的中国饮食传统一道，构成了中国饮食文化一道绚丽的风景。说到中国食具的显著特点，人们自然而然就会想到中国人用筷子吃饭。中国人使用筷子，在人类文明史上是一桩值得骄傲和推崇的科学发明。

不同于西方的分餐制，会食制被视为中国饮食文化的一大特色——中国人无论是居家饮食还是在外聚餐，通常都是围桌而坐，同吃一盘菜、分享一锅汤。亲朋好友同桌共享美味佳肴，在中国人看来，不仅仅是简单的社交活动，更是一种温暖和谐的感情交流。

筷子的艺术

人类的进化，自上古的茹毛饮血到后来的烹蒸炒炸，自手抓食物到用筷子、刀叉、匙，似乎可从食物与食具的发展中窥见人类由原始演变到现代的历程。中国人使用的烹调和饮食器具跟烹调技艺、饮食习惯密不可分。今天的人们可以通过流传下来的文物和汉字对其发展的历史有所了解。中国食具的历史，大致经历了石制、陶制向青铜器、铁器等金属器皿转变的过程，而沿用至今且闻名于世的是各式"中国制造"的瓷制食具。随着生产力水平的不断提高，食具不仅在材质上发生着变化，还经历了一个由大到小、由粗到精、由厚到薄的变化过程。

中国最早的炊具有陶制的鼎、鬲（lì）、镬（huò）、甑（zèng）、甗（yǎn）等，后来陆续出现了名称相同但造型更精、形制更大的青铜器和铁器，在现存的文物中，除了与现在差别不大的盘和碗外，还有簋（guǐ）、簠（fǔ）、豆、箅、杯等，这些

内蒙古博物馆藏的商代陶鬲。鬲是中国古代一种煮饭用的炊器，有陶制鬲和青铜鬲。其形状一般为侈口（口沿外倾），有三个中空的足，便于炊煮加热。

西周方铜甗，河南洛阳博物馆藏。甗是中国先秦时期的蒸食用具，可分为两部分：上部用以盛放食物，称为甑，甑底是一有穿孔的箅，以利于蒸汽通过；下部是鬲，用以煮水，高足间可烧火加热。

山西博物院藏品——铃簋（西周）。簋是中国古代用于盛放煮熟饭食的器皿，也用作礼器。一般为圆口，双耳。

炊具有的也兼做盛器，但各有分工。中国的酿酒历史很久远，后世出土的商代青铜酒器极多，由此可以推测当时饮酒的风气相当盛行。尊、壶、卣（yǒu）、罍（léi）、缶等都是盛酒的器具，饮酒的器具则包括爵、觚（gū）、觯（zhì）、斝（jiǎ）、觥（gōng）、杯、盏等。

伴随着代表中国古代科学技术发达水平的火药、指南针、活字印刷术等一系列伟大发明的出现，中国的陶瓷工艺到宋代也有了空前的发展，食具也开始普遍使用瓷器。无论青瓷、白瓷、黑瓷，还是釉上、釉下的加彩瓷器，在造型、纹饰和胎釉等各方面都有许多新的创造。如今流传下来的宋代瓷器已成为稀

河南郑州博物馆藏春秋时期的夔龙纹铜簠。簠是古代祭祀和宴飨时盛放黍、稷、粱、稻等饭食的器具，基本形制为长方形器，盖和器身形状相同，大小一样，上下对称，合则一体，分则为两个器皿。

世之宝。瓷器轻巧光洁，使用时一般要求配套、整齐以及色调的和谐，夏季用冷色调，冬季用暖色调，还要与整个环境配合。精美的堪称艺术品的陶瓷食具与"食不厌精"的中国饮食传统一道，构成了中国饮食文化一道绚丽的风景。

　　说到中国食具的显著特点，人们自然而然就会想到中国人用筷子吃饭。人类进食的方式主要有三类：用手指、用叉子、用筷子。用手指抓食，主要在非洲、中东、印度尼西亚以及印度次大陆的一些地区；欧洲和北美洲的人用叉子进食；像中国人这样用筷子吃饭的还有日本人、越南人、韩国人和朝鲜人，马来西亚、新加坡等东南亚地区，受华人的影响，使用筷子的风气也很盛行。大致算来，使用筷子的人口大约占到世界人口的三分之一。

　　筷子古称"箸"，说起筷子的起源，有一个神话传说在中国广为人知：上古尧舜时代，洪水泛滥成灾，大禹受命治水。有一天，大禹架锅煮肉，肉煮沸后需要等锅冷却才能抓食。大禹不愿浪费时间，就砍下

中国国家博物馆藏晚商时期的亚长青铜牛觥,河南安阳出土。觥流行于商晚期至西周早期,椭圆形或方形器身,圈足或四足。有的觥全器做成动物状,头、背为盖,身为腹,四腿做足。

两根树枝把肉从热汤中夹出来。手下的人见他这样吃肉既不烫手，又不会使手上沾染油腻，纷纷效仿，于是渐渐出现了筷子的雏形。大禹创造筷子的说法，是古人对英雄人物的美誉。从功用上看，应该是熟食烫手以方便夹取而产生的。而筷子在古代还曾被称为" 提"，而" 从木"，足见中国古代先民最早是以细树杆或竹为夹食工具的。

史料中明确记载，在3000多年前的商代（前1600—前1046），中国人已开始使用筷子进食。现存最古老的筷子实物就是在殷墟（商代后期的都城遗址，位于河南安阳，是中国历史上可以肯定确切位置的最早的都城，1899年在此发现占卜用的甲骨刻辞，从1928年开始大规模考古发掘）出土的一双铜筷子。到了汉代，中国人吃饭已经普遍使用筷子了。中国人使用筷子，在人类文明史上是一桩值得骄傲和推崇的科学发明。著名华裔物理学家李政道曾经如此评价筷子："如此简单的两根东西，却高妙绝伦地应用了物理学上的杠杆原理。筷子是人类手指的延伸，手指能做的事，它都能做，且不怕高热，不怕寒冻，真是高明极了。"

筷子这项伟大的发明，与中国人多吃蔬菜的根、茎、叶的饮食习惯有很大的关系。筷子还有一个重要的作用，就是促进了某些中国菜肴和食俗的形成。比如，涮羊肉、长面条、凉粉等，正是由于筷子的参与，才使其个性鲜明，方便有趣。涮羊肉，如果不用筷子夹着薄薄的羊肉片在火锅沸汤中涮来涮去，那也就不会叫"涮"羊肉了。

与刀叉相比，筷子似乎更难驾驭，两根细棒之间没有直接的联系，靠了拇指、食指和中指的作用，便具有挑、拨、夹、拌、扒等多种功能，可以获取除羹汤类流食之外的任何食品。有人作过专门的研究：用筷子夹食物，牵涉到肩部、胳膊、手腕和手指等80多个关节和50多条肌肉的运动，可以使人心灵手巧。许多西方人都称赞东方人使用筷子是一种艺术，甚至有人认为中国人乒乓球打得好，是因为用筷子吃饭的缘故。

不过，筷子比起"刀叉派"和"手抓派"，还是有一个弱点，就是一旦遇到滚圆而滑溜的食品，比如汤圆、肉丸和鸽子蛋之类，用筷子的水平就会受到考验，技术差一点儿的很可能出现尴尬的局面。

西方人吃西餐很讲究，一般右手握刀，左手拿叉，左右开张。中国人吃中餐也有一套自己的规矩，筷子吃饭，勺子喝汤，但只能用一只手，而不能像西餐那样左右开张，两手齐上。此外，用筷子吃饭还有不少习惯性的礼仪。一般要用右手拿筷子，古人有用右手持筷的训条；宴席中暂时停餐，可以把筷子搁在靠近饭碗的桌面上，而不要把筷子垂直插在碗中的米饭上，因为中国古代有以食品祭祖的风俗，只有祭品的碗盆上面才竖插筷子；吃饭时不能一边同别人交谈一边用筷子指人，不能用筷子在食物中翻搅

中国古代餐饮图

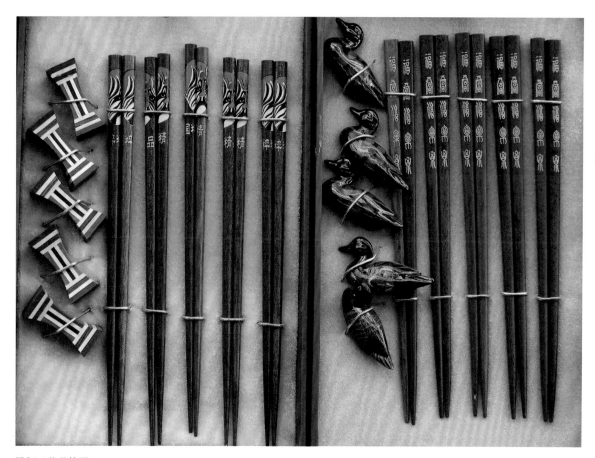

民间工艺品筷子

或用筷子刺东西，不能在别人夹菜时与之交叉去夹，不能用筷子敲空碗；吃完饭，要把筷子稳稳地架在空碗的中间；筷子不可一长一短，也不可用一根筷子吃饭，不能用筷子代替牙签剔牙，不能倒着使筷子，等等。

作为中国人的日常用具，筷子的质料多取材于竹和木，而金、银、铜、铁、玉石、象牙、犀角等质料各异的筷子也不罕见。中国古代的帝王一般是用银筷，因为银器有一遇毒物即变黑的特点，能够确保饮食的安全。

筷子不仅是中国人餐桌上最忠实的"侍者",而且是一种值得收藏的具有中国民俗文化特色的工艺品。因此中国许多地方都出产用料讲究、工艺独特的"名筷"。中国筷子独特的艺术价值,也受到众多的国内外游客和收藏者的青睐。上海民间收藏家蓝翎先生慧眼独具,创办了中国第一家专门收藏筷子的家庭博物馆,收集了 800 多种 2000 多双异彩纷呈的筷子供人观赏,其中有旅游点纪念筷、农村用的染布筷、蒙古筷子舞的道具筷、古代作兵器的铁筷和养鸟用的鸟筷等。印度尼西亚的一位老华侨收集有 908 种筷子,其中还有一双中国古代某位皇妃使用过的金筷。

温暖的会食

　　关于食制，世界范围内没什么大的区别，一般都是三餐制，而且差不多都经历过两餐制到三餐制的发展过程。中国古代的圣人孔子有句名言"不时不食"，意思是吃东西要符合时令，食物不到适当的时间、季节不吃。中国很早就有了规范的饮食制度，最早是两餐制，第一顿饭叫"朝食"，大约在上午9点左右吃；第二顿叫"哺食"，差不多在下午4点钟吃。至今，中国的部分山区和一些少数民族地区由于气候或经济条件的原因，还保持着两餐制的饮食习俗。大约到了汉代以后，农业有了发展，各地各民族逐渐开始采用早、午、晚三餐制，只是古人的第三顿饭比现代人吃得早，正所谓"日出而作，日入而息"。三餐制实际上是农业发展、经济活跃的必然结果，两餐制毕竟无法保证人们有足够的体力从事农耕渔猎。一日三餐，每顿必得现做，也从一个侧面反映了中国人对于吃的重视程度。近年来，城市人的生活节奏越来越快，在外就餐的情况也越来越普遍，尤其是午饭，上班族大都在公司附近的饭馆或单位的食堂解决，所以对于晚饭，家庭主妇们一般都很精心。

　　不同于西方的分餐制，会食制被视为中国饮食文化的一大特色——中国人无论是居家饮食还是在外聚餐，通常都是围桌而坐，同吃一盘菜、分享一锅汤。其实中国会食制的历史是从唐朝才开始的，之前还是以分餐形式为主的，分餐制的历史更为久远。

　　古代中国人的分餐制与早期简单的饮食用具有很大的关系。古人的食具以陶质为主，而且都放在地上，此后发明的承托用具，也是低矮的食案。从商代甲骨文 🏠（宿）字中可以看到，人们在室内设席，人坐在席上；商周时期的金文 𠂆（席）字则表示那时人们宴请宾客时用厚布铺在石桌、石椅上。古代的席多为长方形或正方形，有大小长短之分，长的可以坐几个人，短的仅可坐两人，正方的称为"独坐"，供最年长者或身份地位最高者一人使用。这种坐席礼仪规范很严格，长幼尊卑不能混乱。一般南

四川东汉画像砖上的宴饮图

陕西长安唐代墓室壁画中的宴饮图

北向放的席子，以西位为首；东西向放的席子，以南位为首。同席的人还须地位相当，否则就是失礼。据史书记载，曾有过由于同席者失礼，受辱者拔剑割席分而坐之的事情。各坐各的"席"，各吃各的饭，与之相应的，就是一人一张小食案。中国人形容夫妻相敬如宾，有个成语叫"举案齐眉"，也是因为过去的食案很小很轻，否则女子如何能举得起呢？坐席而分餐的习俗一直沿用到汉代末年。在四川成都东汉（25—220）墓出土的宴饮画像砖上，刻有二人或三人同坐一席、席前摆着食案的场景，再现了当时的饮食方式。

而到了唐代，出现了高足的长桌、长凳等家具，饮食方式也发生了变化。从敦煌473窟唐代壁画中，我们可以看到：在帷幄中放一个长桌，桌上铺着桌围，上面摆放了勺、筷、杯、盘等餐具、食器；桌的两边各列一条长凳，男女数人分坐两边。可见，唐代中国人已经不再是席地而坐的分餐，取而代之的是在高桌大椅上垂足而坐。围桌会食，这种方式相沿成习，就成了今天中国人最具代表性的饮食习惯。可以说，会食制以及相应的礼仪习俗的出现，是以饮食用具的变革为前提的。

　　中国人会食的餐桌最早是长方形或方形的，尤其是方形桌，四周镶宽边，俗称"八仙桌"。古人祭奠天地神明、拜祖、盟誓也用八仙桌，方桌的这种正统地位，加之周边只能坐八个人而受到限制。后来，圆桌的地位逐渐上升，现在中国人的聚会宴请，一般都是圆桌了，而且大都是带转盘的，轻轻转动，菜盘菜碗依次而过，所有的菜每个人都可以夹到。中国人有一种普遍的社会心态，就是希望平均，坐在圆桌前吃饭，每个人到圆桌的中心都是等距离的，一桌饭菜，大家共同拥有，算是一种极大的心理满足了。也许这才是大圆桌在中国更普遍更受欢迎的原因吧。

晚清，华府中的晚宴。1843年出版的《图解中华帝国——社会建筑风俗》（China: The Scenery, Architecture, and Social Habits of That Ancient Empire）插画，英国画家托马斯·阿罗姆（Tomas Allom）绘。

1961年春节，日本归侨、中国科学院上海分院药物研究所副研究员洪山梅（右一）的家里，几个老朋友欢聚一堂，畅叙友谊。

陕西宁强，汶川地震后搬进新居的家庭在吃中秋团圆饭。

亲朋好友同桌共享美味佳肴，在中国人看来，不仅仅是简单的社交活动，更是一种温暖和谐的感情交流。这与中国人重视血缘和亲族关系的传统观念不无关系。另一方面，中国的传统文化讲究"和"，一桌人共进美食，和睦团圆的氛围非常有利于人与人之间的沟通了解，所以中国人很喜欢在宴席上谈事儿。而美食家对分餐制的顾虑则是出于对烹饪美学的维护，试想，一条完整的清蒸鱼，色香味俱佳，怎么分？头给谁？尾给谁？的确令人头疼。难怪有些美食家担心，若由会食制改为分餐制，会冲击中国烹调艺术的优良传统，中国菜特有的优势将无法保持。

近年来，随着自助餐、中式快餐、西式快餐等进餐方式的日益普遍，分餐的方式又顺理成章地回到中国城市人的日常生活，但和唐代以前的分餐又明显不同。就拿吃火锅来说吧，过去吃火锅，大家在同一个锅里涮来涮去；现在有了自助式火锅，大家还是围坐一桌，但一人一个小火锅，自己想吃什么就拿着盘子取，自己涮自己吃，既卫生又热闹。而中式快餐，一个大餐盘，分为大小不等的几格，各放置蔬菜、肉鱼、主食、羹汤等，简单快捷，营养全面，也受到城市上班族的欢迎。随着国际交往的增多，中国人举办的高规格宴会基本上普遍实行了会食气氛的分餐制。这种与国际接轨又保持民俗传统的进餐方式，既有同桌共食的氛围，又将吃的自由、吃的独立、吃的健康提到首位。

吃的礼仪

清代绘画：讲究主次等级的官府宴席。

中国素有"礼仪之邦"的美誉，"礼"一直是中国人行为规范的核心，而吃的礼仪则是最外在、最普遍、最常态的中国文化的体现。俄国19世纪著名作家契诃夫曾经请一个中国人到酒店里喝烧酒，他是这样描述的："他在未饮之前举杯向着我和酒店主人及伙计们，说道'请'。这是中国的礼节。他并不像我们那样一饮而尽，却是一口一口地啜，每啜一口，吃一点东西；随后给我几个中国铜钱，表示感谢之意。这是一个怪有礼的民族……"这是一个多世纪前一个外国人眼中的有关中国人吃的礼仪。

中国是个重视吃的民族。过年了，轮流吃年饭，端午节要吃，中秋节要吃，过生日要吃，朋友聚会要吃，离别也要吃，结婚吃喜酒，丧葬吃白喜酒……这样一路吃来，逐渐形成了一套约定俗成的有关吃的礼仪和规范。据古典文献记载，早在2600年前，中国就已经形成了一套相当完善的饮

清代孙温绘《全本红楼梦》图册之"贾府贾母八旬大庆"，描绘《红楼梦》第七十一回中的贾母寿宴场景。

食礼仪制度，而且越隆重的场合规矩越多，礼节越细。传统的饮食礼仪流传到现代，形式上发生了一些变化，但在比较正式的酒会宴会上，某些礼仪还是要严格遵守的。

安排席位是中国宴饮礼仪中最重要的项目，也是最费心思的。落座之前自然少不了你推我让，不过，尊者、长者、主人或主人最重视的客人的位置即首座，一定要事先确定。首座一般是坐北朝南或正对着门的座位，其他的可随意而坐。客人在一番礼让后各入其座，入座也有入座的规矩，一般是长者优先，已婚者较未婚者先入座，生疏的客人较熟识的客人先入座。这些规矩在中国大部分地区至今保留完整，变化不大。当然酒席的主题不同，入座的规矩也略有分别。如给老人祝寿的酒席，"上座"是老寿星坐，女儿女婿分坐老人东西两边的首席；小孩出生一个月摆的"满月酒"，很多地方都是小孩子的外婆坐"上座"；而婚宴的"上座"一般都留给新娘的舅舅。

在摆放菜肴上，也有一套礼仪规则。一般带骨的菜放在餐桌的左边，纯肉菜放在餐桌的右边；饭食靠左手放，羹汤、酒、饮料靠右手放；烧烤的肉类放远些，醋、酱、葱、蒜等调料放在近处；上菜是先冷后热，还应从主宾对面席位的左侧上。

中餐的菜式都讲究荤素搭配。以北方标准的大桌酒席为例，最先上的通常是四个冷盘，多为荤菜，用以下酒，喝酒的人多就会上八个冷盘；接下来上四盘热炒菜，份量比冷盘略多，菜色多为应季时鲜，

1990 年，黑龙江省黑河市的一对老夫妇欢度 90 大寿及结婚 70 年，儿女们举杯送上祝福。

广西隆林，壮族满月酒宴上的祖母和婴儿。　　　　　北京全聚德王府井店展出的王府福寿宴

不油不腻、清淡适口；接着上四烩碗，菜中有汤汁，既可保温，又开胃；上了十来道菜之后才是真正的主菜，多为山珍海味，不仅味道鲜美，烹制手法亦令人叫绝，盛主菜的餐具也与众不同，过去常用大海碗，菜式多达四种；主菜上过之后，是甜菜、甜点、粥饭，最后上汤菜和时令水果。如果是吃粤菜，最先上的则是汤菜。

　　中国人居家吃饭并不提倡顿顿喝酒，但在宴会上酒是万万不能少的。客人入座后，主人要先向客人祝酒，口称"先干为敬"，客人起立，主客共饮；无论主客，添酒都要添满；如果不能喝酒，要事先声明，以避免出现尴尬的场面；民间把婚宴干脆叫做"吃喜酒"，新郎新娘向每位客人敬酒是必不可少的环节。

　　宴饮开始了，也有一套规矩，即所谓的要有"吃相"。中国人从小就被告诫要"站有站相，坐有坐相，吃要有吃相"，并且接受各种各样的"吃相"训练——如何握筷，如何夹菜，何时可以谈笑风生，何时要沉默寡言，等等。所以，即便是小孩子吃饭也不是一件简单的事——不敢在碗里留下饭粒，怕长大了脸上长麻子（有的家长用这个说法教育小孩吃饭时不浪费一粒米）；夹菜时不能一次夹得太多，更不能频频夹取或翻来夹去；吃饭时不可喷喷有声、狼吞虎咽；喝汤时不能"呼噜呼噜"、满嘴淋漓；吃完了不宜说"我吃完饭了"，而应该说"我吃好了"或"吃饱了"，更不能率先离座。

　　"吃相"是中国人尤其是老辈人非常重视的礼仪。对于"吃相"雅与俗的判断，中西方是不同的。西方人也是比较忌讳吃饭出声的，不过，他们也有一种吃相，会让中国人坐不住，那就是用嘴舔油乎乎的手指。在中国，小孩子受到的最早的吃相训练就是"别用手吃！""吃相"之中，最难拿捏的便是"喝

豫北黄河流域农家婚礼上，为婚宴准备的烩碗。

汤"与"吃面条"。喝汤不出声对于西方人不算苛刻，因为他们的汤盆很浅，汤一般也不会太烫，但对于喜欢喝热汤的中国人，不出声还真不容易。西方人吃面条用叉子吃，将面条叉住，然后顺时针旋转到叉子上再送入口中，的确是斯斯文文，没什么大的声音。而中国人吃面条，要用筷子挑起面条，大口地嗦进嘴里，如果不出声慢慢地嗦，不仅不舒服，也不会很雅观。

在日益多元的餐桌礼仪文化的影响下，现代人尤其是年轻人难免觉得中国的传统礼仪过于拘谨繁琐而限制了吃饭的自由，但不管礼仪多么繁琐，在正规的就餐场合，还是要注重礼节、讲究规矩。只有每个人都遵守礼仪，才能使整个宴饮过程和谐有序，才能使每个人都充分享受到吃饭的自由和乐趣。

食品与食俗

中国人在家中每日三餐所吃的饭菜就是俗称的"家常菜"。家常菜的原料大都就地取材，应季节所产而变。家常菜并不以"菜系"区分，但因中国地域广阔，各地的地理物产、生活习惯和饮食爱好的不同，客观上造成了风味各异的状况。

中国人很会享受口福，一年四季有数不清的年节，也就有各种名目繁多的吃。同时，由于受到地理环境、气候、物产以及宗教信仰、社会历史等因素的影响，每个少数民族都形成了独具特色的饮食风俗。

家常菜的滋味

　　中国人在家中每日三餐所吃的饭菜就是俗称的"家常菜"。家常菜的原料大都就地取材，应季节所产而变。家常菜并不以"菜系"区分，但因中国地域广阔，各地的地理物产、生活习惯和饮食爱好的不同，客观上造成了风味各异的状况。

　　通常来说，一日三餐中国人最重视的是晚餐，而早餐比较简单。在中国人的早餐桌上，常见的食物是包子或馒头配一碗稀粥、一碟咸菜；馄饨、热汤面和米饭炒菜次之；而油条、烧饼、豆浆，虽说

内蒙古呼伦贝尔，厨子正在准备家常菜肴。

也是标准的早餐之一，却很少有家庭自制，要到早点铺买；也有一部分城市人以牛奶、麦片、面包、鸡蛋、火腿为早餐。鸡蛋、豆腐是早餐中最普遍的蛋白质来源，做法也不复杂。中、晚两餐，除米、面主食外，一般配以炒菜、汤、粥。广东人喝粥喝汤最讲究，饭前汤、饭中汤、饭后汤，样样精致。家庭食物的制作通常由家中主妇承担，但在双职工家庭，男人下厨做饭的情况也不少见。

北方人的主食以面食为主，主要是用小麦粉、玉米面、高粱面、豆面、荞麦面、莜麦面做成形式多样的面食，根据个人的口味偏好，有炒着吃、炸着吃、焖着吃、蒸着吃、烩着吃、煨着吃的等。中国人太爱吃面条了，为了方便，就把它制成了各种不同口味的方便食品——挂面和方便面。挂面和方便面具有保存期长、携带方便、烹调简单的特点，如今，发展成为中国人居家常备的粮食制品。在中国的面食之乡山西省，有据可查的面食就有 280 多种。

南方人以稻米为主食，煮上一锅香喷喷的大米饭一家人共享是再平常不过的事了，可是常年如一日，难免单调。于是人们就花心思变换菜肴的搭配和做法，蒸、煮、炒、烧、煎、炖，不同的烹调手段做出的菜肴，口感、味道都相差很多。

与西方不同的是，中国以汉族为主的大多数民族每天吃的喝的乳类食品并不多；而在西北部少数民族聚居区，乳类食品是当地人非常重要的日常饮食。

广州的家常菜肴及老火汤

在日常生活中，中国人一般不会也没必要天天吃大鱼大肉，更多的是吃经济实惠的时令蔬菜。青萝卜、白萝卜、水萝卜、胡萝卜……东西南北各地都有，一年到头都能吃到。萝卜可以生吃、煮食、炒吃、腌制等，胡萝卜用来炖牛肉或排骨，不仅味道好，而且有养生功效。而白菜、菠菜、油菜、芹菜、韭菜、芥菜等食茎叶的蔬菜都统统归在"青菜"名下，普通的做法不外乎凉拌、烹炒、煮炖几种，也有配少量的肉或蛋一起翻炒的。

家常菜的原料大都很普通，最普通最常见的要数豆腐了。豆腐有不同的吃法，凉拌豆腐是最简单的吃法：嫩豆腐拌上小葱，撒点细盐和香油。或者拌上时令小菜，像香椿拌豆腐、黄瓜拌豆腐，清脆可口。还可以用油煎豆腐，再浇佐料烧或加青菜炖。四川人爱吃麻婆豆腐：把豆腐切成小方丁，放入炒好的肉末，再加辣椒油和花椒粉佐味。江浙人爱吃鱼头豆腐和臭豆腐。还有一种冻豆腐，孔隙多，弹性好，而且营养丰富，可以降低胆固醇。除了豆腐，和它同属一族的其他豆菜、豆制品一年四季也都是中国人饭桌上的常客。

竹笋也是很多中国家庭普遍使用的食材，尤其是南方地区，凉拌笋丝、油焖笋、炒冬笋、红烧笋以及煮笋汤，都是很常见的家常菜。竹笋有着特殊的肌理组织，由竹根到竹尖，老嫩变化很大，家庭

山西面食——莜面栲栳栳。"栲栳栳"是用莜面精工细作的一种面食，因其形状象"笆斗"（民间叫"栳栳"）而得名。蒸熟后配以羊肉或蘑菇汤调和，食之香醇异常，回味无穷。

河南许昌，酒店厨师向市民传授用胡萝卜制作家常菜的诀窍。　麻婆豆腐

主妇烹调时一般会分别对待：嫩笋尖拿来炒菜，中段切片配菜，较老的根部和猪肉炖、煮。

　　中国人习惯把荤食概括为"鸡、鸭、鱼、肉"。中国饲养鸡的历史相当长，视鸡为美味、视鸡汤为强身健体的滋补佳品的习俗古已有之，清蒸、清炖、红烧、白斩、黄焖……做法不下数十种，单单鸡的菜谱就可以洋洋成册了。普通的北方人家很少做鸭肉，著名的"北京烤鸭"是要到专门卖烤鸭的饭店才能吃到的；而最会吃鸭的地方是江浙一带，那里的"盐水鸭"、"老鸭煲"不仅是大饭店的招牌菜，很多家庭主妇也做得很好。

　　随着人们健康意识的增强，富含高蛋白的海鲜类菜肴越来越受欢迎，红烧大乌、凉拌海参，在有的家庭中也是可以见到的。但真正能满足普通百姓口腹之欲的还是各种常见的鱼虾，像鲤鱼、鲫鱼、草鱼、武昌鱼、对虾、基围虾等。家庭做鱼虾，一般来讲，新鲜的多用来清蒸或清炖，差一点的用红烧或糖醋。西湖醋鱼、松鼠黄鱼、酱汁黄河鲤、奶汤鲫鱼、清蒸武昌鱼、干烧鱼块等，都是常见的上等家庭"鱼菜"。

　　猪肉是以汉族为主的大多数民族最普遍的日常肉类食物，有关猪肉的烹调方法非常多。炒肉、红烧肉、白切肉、回锅肉、扣肉、米粉蒸肉、水煮肉等，是较为常见的家常菜。在日常炒菜中，许多人

扬州名菜——三套鸭，用家鸭、野鸭、菜鸽整料出骨，套制而成。

1993年，外国游客在北京东来顺饭庄吃涮羊肉。

喜欢用少量的食用淀粉加佐料提前腌制，以使下锅炒制的猪肉口感更鲜嫩。牛羊肉是西部少数民族的主要食物，最常见的做法是烧烤，而在大多数汉族人的家庭里，除了爆炒、酱卤、炖以外，最普遍的做法就是切片放在沸腾的火锅里"涮"了。

寒冷的冬天，一家老小围坐一桌吃火锅，是许多中国家庭的选择。火锅的吃法很多，如四川的麻辣火锅、广东的海鲜火锅、上海的菊花火锅、北京的涮羊肉、海南的狗肉火锅。北京人吃火锅，主要就是涮羊肉，再配上两三种素菜"清口"。涮羊肉算是北京人冬天吃得最多的家常菜了：切上两盘上等的羊肉片、牛肉片，再配上三五种蔬菜，在汤水翻滚的火锅里烫熟，然后蘸着配好的调料吃。至于调料，芝麻酱（或麻油）、酱豆腐、韭菜花、辣椒油以及葱花、香菜末等都是最常用的。还有糖蒜，既可去膻，又能解腻。羊肉涮得差不多了，就在浓汤中下一盘粉丝，吸饱了汤汁的粉丝有滋有味，再来上一两个小芝麻烧饼，真是满口生香，回味无穷。夏天，北京人吃得最多的是炸酱面，而且是过水面。炸酱，要用半肥半瘦的猪肉丁加葱姜蒜和黄酱，小火咕嘟，油而不腻。吃炸酱面，"菜码儿"很重要，豆芽菜、小水萝卜缨、香椿芽、黄瓜丝、扁豆丝、韭菜段，各种爽口鲜嫩的时令小菜，配上油亮亮的炸酱，看着就有胃口。

秋阳下晾晒腌制的萝卜干

　　咸菜可算是中国特有的一种民间素菜。中国不出咸菜的地方大概不多，各地的咸菜各有特点，大致来说，北方偏咸，南方偏酸甜。东北的酸菜、北京的水疙瘩、四川的涪陵榨菜、浙江的萝卜干，以及贵州的盐酸泡菜、朝鲜族的红辣椒泡菜，都是有名的醒胃小菜。咸菜花样很多，好像什么都可以拿来腌：萝卜、瓜、莴苣、蒜苗、甘露、藕，乃至花生、核桃、杏仁，无不可腌。但近年来，随着生活条件的改善，这种为储存而创制的食物，在大多数中国家庭的餐桌上不再占据醒目位置，更多是作为调剂口味的点缀。

　　在中国，一个普通家庭的一日三餐就能罗列出如此花样众多、精美别致的食品。享受美食，享受生活，中国人把吃当成了一种乐趣和艺术。这也反映了中国人包容和谐、知足常乐的民族性格。

年节的吃

　　中国人很会享受口福，一年四季有数不清的年节，也就有各种名目繁多的吃。从农历正月初一到腊月三十，重要的传统节日就有十来个。年节的丰盛食品最初是为了祭祀祈年，后来，一些年节的初始意义逐渐淡化甚至消失，但祈愿祝福作为年节特有的心理定势，几千年来沉淀在中国人的意识之中，富有地方特色的年节食品，至今保留在中国人的饮食风俗之中。

天津杨柳青年画：包饺子

20 世纪 80 年代，包饺子的北京家庭。

苗族人用木槽、木锤捣年糕。

　　说起饺子的历史，可用"悠久"来形容，有关饺子的记载最早出现在汉代。20 世纪 60 年代在中国新疆发掘的一座唐代墓葬中出土过一只木碗，碗里盛着保存完整的饺子，是迄今为止发现的最古老的饺子。

　　自古以来，作为汉民族发祥地的黄河流域就有一系列吃饺子的习俗：除夕之夜吃饺子，破五（农历正月初五）吃饺子，入伏（7 月中下旬）吃饺子，冬至（12 月 22 日左右）吃饺子……俗话说"好吃不过饺子"，这句话反映了人们对饺子的喜爱。在过去很多年里，吃一顿饺子是"改善生活"的同义词。

　　除夕夜之于中国人，就像圣诞夜之于欧美人，是头等重要的传统节日，无论天涯海角，只要有可能，远在异乡的人都要赶回去和家人团聚。民间春节吃饺子的习俗在明清时已相当盛行。特别是在北方，时至今日，每逢新春佳节，包饺子、吃饺子仍然是家家户户不可缺少的饮食活动。除夕之夜，一家人围坐在一起，和面、拌馅、擀皮、包、捏、煮，其乐融融。这顿饺子与一年中的其他饺子不一样——饺子包好了，就守岁，等到半夜12点开始吃——新年的第一餐就是饺子。饺子，交在子时，有辞旧迎新之意，吃饺子取"更岁交子"的含义，"饺子"也因此得名。饺子象征着团圆、喜庆，也因此成为中国家喻户晓的民俗美食。

饺子的做法有煮、蒸、煎三种，种类以饺子馅区分。家常饺子，猪肉馅最为普遍，将猪肉切碎剁末，加麻油、葱、姜、酱油等调料腌拌；临包前，再把切好的菜丁菜末混入，撒上盐。也有用羊肉末、牛肉末做饺子馅的，考究的饺子馅首推"三鲜"，用海参、虾仁、猪肉切碎做馅。饺子好吃与否，饺子皮的功劳占四成——和面的水要恰好，和面时要揉得充分，揉好了面团还要放一放，以便水和面更均匀地融合。这样做的饺子皮软硬适度，既易粘合又不易破损，吃起来口感香软润滑。

包饺子是件费工费时的事，于是，近些年就有了专卖饺子皮和饺子馅的生意。食品超市还供应已包好的各种口味的速冻饺子，吃饺子也更方便了，不过千篇一律，一口浓浓的味精味儿，更别说全家人齐上阵的热闹气氛。

在中国南方，春节的第一顿饭一般不吃饺子，而是汤圆、年糕、面条等。中国的许多少数民族也有过春节的传统，有本民族独特的节日食品。回族人正月初一吃面条和炖肉；彝族人吃"坨坨肉"、喝"转转酒"；壮族人要吃5斤多重的大粽粑；蒙古族人围着火塘吃水饺，必须要剩酒剩肉，这样来年才会富裕……

春节的喜庆气氛要持续半个月，直到农历正月十五，这一天是中国又一个重要的民间传统节日——元宵节。元宵之夜是农历新年的第一个月圆之夜，大街小巷张灯结彩，人们赏灯、猜谜、吃元宵。南方人称元宵为"汤圆"。元宵的主要成分是糯米，它黏度大，吃起来要细嚼慢咽，一次也不能吃得太多。

元宵的品种和吃法比较丰富。北方的元宵是把做好的桂花、玫瑰、豆沙、芝麻等各种馅放在干糯米粉中摇滚而成，少有咸味；而南方的汤圆是把糯米粉和好，再包上馅，甜咸荤素应有尽有。

农历五月初五端午节，粽子是应节食品，东西南北都有此风俗。端午节在中国有2000多年的历史了，传统上有在家中帖钟馗像、挂艾叶，成人喝雄黄酒，小孩佩戴香包以避邪保平安的习俗。端午节全国各地都有吃粽子的习俗，只是口味和形状上南北有别。北方人喜欢用枣、豆沙、果脯等甜料作馅，团上糯米，用苇叶包成三棱形。南方的粽子，馅料不仅有豆沙，还有菜、蛋、肉，甜咸口味都有，形状更是多变。民间关于端午节吃粽子的说法比较统一，说是为了纪念战国时期报国无门而投江殉国的楚国大诗人

粽子

屈原，百姓们为了不让屈原的尸体被鱼虾吃掉，便将包着艾叶的米饭和坛坛雄黄酒丢进江中。而这天正是农历五月初五，吃粽子、喝雄黄酒作为端午节的饮食习俗就流传下来。

仅次于春节的第二大传统节日当属农历八月十五——中秋节。中秋节吃月饼，就和端午节吃粽子、元宵节吃汤圆一样，是全球华人的传统习俗。因为月饼形如圆月，有象征团圆之意。每逢中秋，皓月当空，阖家团圆，品饼赏月，尽享天伦之乐。月饼和粽子一样是点心而非正餐，尽管如此，风味却很多，馅心就有五仁、莲蓉、蛋黄、豆沙、冰糖、芝麻、火腿等数种，口味分甜味、咸味、咸甜味、麻辣味等数种。传统的京式月饼，做法如同烧饼，外皮香脆可口；苏式月饼是酥皮月饼，外皮吃起来层次多且薄，酥软白净、香甜可口；广式月饼的外皮和西点类似，以讲究内馅著名。因为中秋前人们喜欢以月饼作为馈赠亲朋好友的礼物，近年来，月饼的包装和外观越做越精致。

湖南岳阳，汨罗江畔的一户人家正在包粽子。大门框上挂着蒲草、艾叶。

莲蓉蛋黄月饼

苏州寒山寺的居士正在精心准备配料，制作向进寺市民免费派送的"腊八粥"。

中国的年节食品，除了上面提到的"一年四节"的饮食最具传统特色外，民间一些节令饮食也很有特色。如一些地区农历二月初二有吃"龙须面"的传统；公历 4 月 5 日前后的清明节要禁火吃冷食；农历七月十五是中元节，一些地方以面人、面羊祭祖宴客；农历九月初九是重阳节，许多地方仍保留着吃花糕祝福老人健康长寿的传统食俗。

一年匆匆又岁末，农历十二月初八这天，中国南北各地都有吃"腊八粥"的风俗，但做法上略有不同。北方人喜欢用各种杂粮和豆，南方人则要加上藕、莲子、荸荠等。不管哪种做法，红枣和栗子是必不可少的，"枣"是"早"，"栗"是"力"，意味着早下力气，争取来年五谷丰登。随着生活水平的提高，平常人家的腊八粥原料也越来越丰富，比如加进桃仁、杏仁、瓜子、花生、松子、葡萄干等，煮出来的腊八粥更精细可口有营养。上好的腊八粥具有健脾开胃、补气养血、御寒的功能，是中国有特色的冬季补品。

少数民族食俗

内蒙古阿拉善蒙古族传统饮食——炒米、奶茶、手抓肉及奶皮、酪蛋子。

中国是一个多民族的大国，由于受到地理环境、气候、物产以及宗教信仰、社会历史等因素的影响，每个少数民族都形成了独具特色的饮食风俗。比如，以畜牧业为主的少数民族，习惯吃牛羊肉和各种奶制品，饮奶茶；而从事农业生产的南方少数民族大多以稻米为主食，北方少数民族则以面食和杂粮为主食；生活在寒冷地区的少数民族爱吃蒜，居住在气候潮湿地区的少数民族偏爱吃辣；信仰伊斯兰教的回族、维吾尔族等不吃猪肉，还禁食凶猛动物、死动物；受喇嘛教影响的藏族不吃鱼……如果不了解这些风俗和禁忌，在与这些少数民族交往的过程中就可能出现尴尬的场面。

中国当代著名作家汪曾祺在散文《手把肉》中讲了这样一个故事：一个旅行者在一望无际的内蒙古大草原，背着一条羊腿策马漫游。日落时分，他看见一个蒙古包，就下马投宿。主人把客人带的羊腿解下来放在一边，然后在自家羊圈中牵出一只羊宰烹待客。酒足饭饱后，客人随主人一家同住蒙古包里。第二天主人送客人上路，却给他换上了一条新的羊腿。旅行者在草原上走了一大圈，离开的时候还背着一条羊腿，而这羊腿已不知换过多少次了。

这个故事想必不假。因为蒙古族人的热情好客是出了名的，而羊肉又是蒙古族牧民待客的主要食品。按当地习俗，不分远亲近邻，不管常客还是初次相识，客人来了都要现杀羊。杀羊时把羊牵到客人面前，

吃传统的手把肉的蒙古族牧民

四川康定一户藏民和他们的餐桌

请客人看过，客人点头允许后再去宰杀，叫做"问客杀羊"，以示对客人尊重。而有关羊肉的各种吃法中，"手抓肉"应是最有传统、最具民族特点的。

"手抓肉"就是不加任何调料用白水清煮的羊肉。煮熟后，大块的羊肉肥厚多汁，热气腾腾，香气四溢。蒙古族人喜欢一手"把"着一大块肉，一手用蒙古刀割着吃。要是来了尊贵的客人，就要摆全羊席了，也叫"羊贝子"，即整只羊在锅里煮。当地人吃一般只煮 30 分钟，一刀切下去，会有血水渗出来；若用来招待汉族客人，通常要多煮十几分钟。吃肉离不开酒，蒙古人不分男女多擅豪饮，宴席上，主人斟满三银碗的酒，手捧白色的哈达，高唱祝酒歌向客人敬酒以示真诚。按蒙古人的习俗，客人要先用右手无名指蘸上少许的酒，向上向下各弹一次，表示敬天地，然后将碗中的酒一饮而尽；如果过分推辞，会被视为有失诚意。

　　西藏以其特有的高原风貌、民族风情吸引着越来越多的中外游客，而藏民的饮食风俗也是旅游者津津乐道的主题。凡是去过西藏的人，都喝过酥油茶。酥油茶是藏民的主要饮品，是把砖茶捣碎、熬煮、筛滤取其汁液，倒入放有酥油和食盐的桶里搅拌而成。藏族是以酥油茶敬客的，客人必须喝三碗。三碗之后，如果不想再喝，可将茶渣泼到地上，否则主人会一直劝客人喝下去。藏族的食物以青稞面、酥油茶和牛羊肉、奶制品为主，一个藏民家的富裕程度，取决于他们的储备粮，而不是肉和奶，因为肉和奶家家都富足，不稀罕。藏民一般不吃马、驴等奇蹄类牲畜，也不吃鱼和鸡、鸭、鹅等禽类，而喜欢吃偶蹄类的猪、牛、羊，尤其是风干的牛肉。在西藏高原，食品不易霉烂变质，去水又保鲜的风干牛肉在藏区极为常见。每年秋季，藏民们把鲜牛肉割成条穿成串，撒上食盐、花椒粉、辣椒粉、姜粉，挂在阴凉通风处风干。风干牛肉味道麻脆酥甘，酸香适口。

　　中国的西南部是少数民族的重要聚居地，这里民族众多，饮食风俗也千姿百态。但潮湿的地理气候使这里的饮食整体上偏好酸辣味和风干熏腊食品。

　　分布在云南、广西、湖南、江西、广东、海南等地的瑶族人常在米粥或米饭里加玉米、小米、红薯、木薯、芋头、豆角等。由于多在山间耕作，食品都要便于携带和储存，因此主食、副食兼备的粽粑、竹筒饭是他们喜爱的食品。耕作期，瑶族人就地野餐，大家凑在一起，分享各自带来的菜肴，主食却各吃

广西金坑红瑶山寨的传统食品——油茶和竹筒饭

贵州雷山苗寨设长桌宴，与中外游客一起欢度春节。长桌宴是苗族宴席的最高形式与隆重礼仪，已有几千年的历史。通常用于接亲嫁女、满月酒以及村寨联谊宴饮活动。左边是主人座位，右边是客人座位。主客相对，敬酒劝饮并对酒高歌。

云南大理州洱源县邓川镇，白族姑娘将绕满乳扇的竹竿挂在太阳下晾晒。乳扇，是一种呈扇形的高级乳制品，分乳白、乳黄两色。它含有较高的脂肪，营养价值高，醇香可口，是白族传统的名特食品。

吉林延边，朝鲜族家庭打米糕。

赫哲族妇女做"杀生鱼"待客。

各的。瑶族人大都喜欢喝酒，一般人家都备有用大米、玉米、红薯等自酿的酒，每天喝两三顿酒在瑶族人看来非常正常。

居住在贵州、湖南、湖北、四川、云南、广西等省区交界地带的苗族，普遍喜食酸味菜肴，酸汤家家必备，制作方法是将米汤或豆腐水放入瓦罐中三五天发酵后，用来煮肉、煮鱼、煮菜。食物的保存普遍采用腌制法，蔬菜、鸡、鸭、鱼、肉都喜欢腌成酸味的，几乎家家都有腌制食品的"酸坛"。苗族酿酒历史悠久，从制曲、发酵、蒸馏、勾兑到窖藏，都有一套完整的工艺。

贵州侗族人特别喜欢酸食，家家都有酸白菜、酸竹笋、酸猪肉、酸草鱼。有一首侗族民谣这样唱道："做哥不贪懒，做妹不贪玩，种好糯米饭，腌好草鱼酸，人勤山出宝，家家酸满坛。"此外，侗族的腌鸭肉酱、腌鱼、腌姜也颇有名气，特别是腌鱼，要密封储存埋在地下三年，甚至七八年才启封。

白族是西南各少数民族中最注重节庆饮食的，几乎每个节日都有几种应节当令的食品：春节吃叮叮糖、泡米花茶和猪头肉，三月节吃蒸糕和凉粉，清明节吃凉拌什锦和炸酥肉，端午节吃粽子喝雄黄酒，火把节吃甜食和各种糖果，中秋节吃白饼和醉饼，重阳节吃肥羊……生活过得丰富多彩。

壮族是中国少数民族中人口最多的一个民族，主要聚居在广西，云南、广东、贵州、湖南也有少量分布。大米、玉米是壮族地区盛产的粮食，自然也是他们的主食。壮族对任何禽畜肉都不禁吃，有些地区还酷爱吃狗肉。壮族人习惯将新鲜的鸡、鸭、鱼和蔬菜制成七八成熟，菜在热锅中稍炒即出锅，以保持其新鲜。米酒是壮族人过节和待客的主要饮料，在米酒中配以鸡胆即为"鸡胆酒"，配以鸡杂即为"鸡

贵州威宁的回族同胞在清真寺里聚餐，庆祝开斋节。

杂酒"，配以猪肝即为"猪肝酒"。饮鸡杂酒和猪肝酒时要将酒水一饮而尽，鸡杂、猪肝则留在嘴里慢慢咀嚼，既可解酒，又可当菜。

中国的东北三省也聚居着几个少数民族，有代表性的当属朝鲜族。朝鲜族的食品讲究鲜香脆嫩、辛辣爽口，用料大都是鲜沽原料中最为细嫩的部位，多采用生拌、腌制、汤煮的烹调方法。生拌牛肉丝、生拌牛肚丝、生拌鲜鱼片等，都是朝鲜族的传统风味。而朝鲜泡菜更是久负盛名。泡菜的用料极其简单，就是大白菜、萝卜、辣椒、生姜等，加盐腌制而成，清新鲜嫩，香甜酸辣咸五味俱全，与汉族民间小菜相映成趣。

生活在黑龙江三江平原一带的赫哲族，是中国北方惟一以狩猎为主、使用狗拉雪橇的民族，他们的饮食也颇具古风，至今还保留着生食习俗。最有特色的就是"杀生鱼"——用生鱼肉拌上开水烫过的土豆丝、绿豆芽、韭菜，以及辣椒油、醋、盐、酱油，吃起来清香鲜嫩。大兴安岭深山密林中的鄂伦春族和鄂温克族，身居"天然动物园"，保持着"食肉饮酪"的原始食风，鹿奶鹿肉、狍子宴、雪兔肉、野鸡等都还可以经常吃到，而这些在内地已是极为难得的人间珍馐了。

信仰伊斯兰教的回族遍布全国，他们虽与汉族杂居，但无论走到哪里都保持着自己独特的饮食习惯。他们以米、面为主食，喜食面制的面馍、烙饼、包子、饺子、汤面、拌面。回族最隆重的节日是古尔邦节和开斋节，"油香"、"卷果"是节日的主要食品，这是两种用素油炸制的回族传统的面食，被回民视为圣物。与汉族人相比，回族饮食最大的禁忌就是不吃猪肉，此外，还忌食狗、马、骡肉、无鳞鱼，忌食一切未经屠宰而死的动物肉，饮酒也被严格禁止。由于饮食禁忌甚严，在城镇中，回族都有自己开的清真餐馆，不与其他非伊斯兰教民族混合用餐。因此，回族清真菜在众多少数民族菜肴中独树一帜，也诞生了许多清真名菜、名点、名饭店，像"爆三样"、"清蒸羊肉"、"黄焖羊肉"、"羊筋菜"都是特色佳肴。拉面、酿皮、豆腐脑、羊杂碎、臊子面、烩**饸饹**这些民间风味小吃更是家喻户晓，遍布全国。而东来顺、鸿宾楼、烤肉季等清真餐馆，在中国的许多城市乃至国际上都享有盛誉。可以说，回民清真菜的发展对整个中国饮食和烹饪技艺都有很大的影响和贡献。

喝茶与饮酒

中国是茶的故乡，种茶、制茶、饮茶都是由中国人开始的。
中国有句俗话"茶可清心"，喜欢喝茶的中国人在茶香氤氲
中很容易获得一种暖意和温馨，一种恬静和悠闲。喝茶，喝
的不仅是健康，也是修心养性的茶道之趣，更是中国人天人
合一、和谐自然、重视感悟的生活美学的体现。

酒与茶一样，自古以来就与中国人的饮食生活和各种社会活
动密不可分。人们或用酒祭祀祖先，以示诚敬；或藉酒自适，
成就诗文；或亲朋宴饮，把酒言欢。酒作为一种特殊的文化
形式，几乎渗透到中国人社会生活的各个领域。

爱喝茶的中国人

中国有句俗语："开门七件事——柴、米、油、盐、酱、醋、茶"，可见茶已完全融入了中国人的日常消费和社会生活中。中国人喜欢喝茶，或者在家里喝，或者去茶馆喝；有自斟自饮的，有相聚共饮的；有一大早就要喝的，有午后泡茶醒目的。总之，得把茶喝"通"了，这一天才舒坦才畅快。现代科

出于西湖龙井茶原产地一级保护区内的"法净禅茶"，是杭州法净寺的僧人们自种、自采、自炒和自用的有机绿茶。图为参加开茶"洒净"仪式的僧人队伍正行进在茶园里。

湖南通道，采茶姑娘在茶园采茶。

广东潮州凤凰镇，茶农在晒茶叶。凤凰茶区是广东省最古老的茶区，是中国乌龙茶之乡。

学已经证实，茶叶没有咖啡、可可的高咖啡因、高热量、高胆固醇，也没有果汁饮料的高糖分；茶中含有多种维他命、茶多酚、精油、氟素等成分，有提神清脑、解渴利尿、明目健身等功能，是对人体有益的天然健康饮品。正如中国现代学者林语堂在《中国人的饮食》中所说，"茶具有使中国人延年益寿的作用，因为它有助于消化，使人心平气和。"

中国是茶的故乡，种茶、制茶、饮茶都是由中国人开始的。中国西南部的亚热带山区是野生茶树的原产地，从唐代开始，这些产茶区与北方、西北部游牧民族的交易主要就是"以马换茶"的茶马交易，一直延续到清代中期，茶马交易才逐渐被货币交易所取代，可见茶在中国人生活中的历史和作用。大约在西汉时期，茶叶成为饮品，这之前茶主要是作为祭品和菜食使用，至今中国西南地区的少数民族中，还有以茶入馔的风俗习惯，无疑是古代食茶的遗风。到了唐代，佛教盛行，佛家发现喝茶不仅可以解除坐禅瞌睡，而且还可以帮助消化，于是倡导饮茶，一时间几乎"寺必有茶"。中国有"自古名寺出名茶"的说法，大概就是因为寺庙大都有田产，加上当地信徒帮助耕种，而茶叶品质的提高和茶艺的推广则主要得益于文化修养较高的僧侣们。因此，饮茶风气很快由寺院传入民间，上至帝王大臣，下至贩夫走卒，饮茶成为当时无论贫富各个阶层都盛行的一种社会风尚。公元1168年，日本的荣西禅师(1141—1215)来中国学佛，同时钻研中国的茶学。荣西归国时将大量佛经和茶种带回日本，从此中国茶传入日本，并逐渐演变成具有日本特色的茶道，荣西禅师也被誉为日本的茶祖。

不只是日本，世界上大约还有 100 多个国家和地区都是直接或间接由中国引进茶叶的，这一点我们可以从各国"茶"的发音略见一斑。"茶"在汉语中主要有两种发音方式，一是以北方方言为基础的普通话，读作"cha"；二是南方的广东、福建沿海地区的方言，读为"tee"。由中国北方输入茶的国家，如日本、印度，茶的发音类似 cha，俄国茶的发音类似 chai，阿拉伯文的茶是 shai，土耳其语的茶是 chay；而由中国南部沿海输入茶的国家，如英国的茶是 tea，西班牙语的茶是 té，法国的茶是 thé，德国的茶是 thee，等等。可见，这些国家的"茶"基本上都是汉字"茶"两种读音的音译。

茶叶在世界范围内的普及过程，也是茶叶贸易的过程。随着茶叶贸易的发展，到 19 世纪初期，茶叶、丝绸、陶瓷成为当时中国的三大出口产品。在欧洲，最早饮茶的是英国人。史书记载，17 世纪初，英国人就喝到了从中国运来的茶，并引起了英国人对中国茶的普遍嗜好，形成饮茶风尚。英国政府为满足英国人对茶的大量需求，就下令远在亚洲的东印度公司来保证英国本土的茶叶供给。随着茶叶逐步向平民百姓普及，英国及欧洲对茶叶的需求量与日俱增。19 世纪初，中国对英国的茶叶输出量约达 4000 多万磅，从而导致英国对华贸易逆差。英国人为了改变这种不利局面，便想方设法从印度、孟加拉等国购买鸦片，输入中国，用鸦片换取中国的茶叶，并由此发动了影响中国近代史的"鸦片战争"。

茶叶是摘取茶树嫩叶制造而成的，根据其制作工艺和品质上的差异，分为绿茶、红茶、乌龙茶（青茶）、白茶、黄茶、黑茶等六大品类。喜欢喝茶的中国人，春天品绿茶，秋天饮贡菊（直接放在阳光下晒干后

安徽祁门，老茶农正在对祁门红茶进行最后的精选。

云南景东彝族自治县出产的普洱砖茶

泡饮的菊花，以浙江杭州出产的最有名），深秋寒冬饮红茶、乌龙，一年四季有品不够的茶叶。他们不仅能辨别出茶的品类，以及新茶与陈茶，更能分辨出茶叶采摘的季节。

茶树的生长和茶叶的采摘是季节性的，采茶时间通常为春、夏、秋三季。不同季节的茶叶，外形与内质都有较大的差异。从 3 月上旬到清明节（每年的 4 月 5 日前后）前采摘的春茶就是中国人常说的"明前茶"，也称"头茶"，茶叶的颜色呈淡淡的翠绿，口感纯净而略带青涩。清明节后过两周，即为农历"谷雨"（二十四节气之一，每年 4 月 20 日前后），每年到了这个时节，江南一带都会降下滋润五谷的细雨，也就迎来了绿茶采摘的第二轮高峰。清明后、谷雨前所摘的茶名为"雨前茶"，其后的春茶则为"雨后茶"。春茶的价格通常会因采摘时间的早晚而先高后低。一般来说，早春的绿茶是年中品质最好的。当年的茶叶是新茶，而存放了一年以上的就是陈茶了。绿茶、乌龙茶以新为佳，陈年普洱却是年久味醇。

区别茶品的关键环节在于制作工艺中的"发酵"环节。不发酵的茶称为"绿茶"。绿茶是以茶树的新生芽叶为原料，经过杀青（通过加热以终止茶叶发酵的工艺）、揉捻、干燥三道工序制成，泡出来的茶汤是碧绿或绿中带黄色，清香略带苦涩。绿茶是中国历史最长、产量最大、产区分布最广的茶类。绿茶自古多名茶，西湖龙井、洞庭碧螺春、黄山毛峰、四川蒙顶、庐山云雾、信阳毛尖、六安瓜片等都闻名遐迩。

茶叶经过发酵，会从原来的碧绿色逐渐变红，发酵愈多，颜色愈红。而香气也会因发酵的轻重，由叶香变为花香、熟果香、麦芽糖香。全发酵茶称为"红茶"，因为干茶和茶汤的色泽都以红色为主调，故名"红茶"。制作红茶一般要经过萎凋（先把新鲜芽叶在室外暴晒，再放室内晾）、揉捻、发酵、干燥四道工序，加工过程中鲜叶中的化学成分变化较大，茶多酚减少90%以上，并产生了茶黄素、茶红素等新成分，香气明显比绿茶浓郁。比较著名的红茶有祁门红茶、宁红工夫茶、福建闽红、云南滇红、广东英红等。而半发酵的茶，也就是乌龙茶，又称青茶。乌龙茶兼取绿茶的杀青和红茶的发酵工艺，所以既有绿茶的清鲜，又有红茶的浓香，最具代表性的产地是福建安溪，名品有安溪铁观音、武夷岩茶，还有凤凰水仙、冻顶乌龙等。白茶，属轻微发酵茶，色白如银，香气清新，名品有福建的白牡丹、白毫银针。黄茶，属发酵茶类，制作与绿茶相似，但多一道闷堆工序，名品有蒙顶黄芽、霍山黄芽。黑茶，鲜叶经发酵变黑，故称"黑茶"，既可直接冲泡饮用，也可以压制成紧压茶（如各种砖茶），代表茶有普洱茶。

再加工茶，即把六大基本茶类的原料再加工而成的茶品，主要有花茶、紧压茶、萃取茶、果味茶和药用保健茶等。花茶又名香片，将有香味的鲜花和新茶一起闷，香味浓郁，茶汤色深，深得偏好重口味的中国北方人喜爱。花茶主要以绿茶、红茶或者乌龙茶作为茶坯，根据香花品种不同，分为茉莉花茶、玉兰花茶、桂花花茶、珠兰花茶等，其中以茉莉花茶产量最大；紧压茶，一般都是用红茶、黑茶蒸压而成，防潮性能好，便于运输和储藏，茶味醇厚，在少数民族地区非常流行，蒙古族人喜欢喝的奶茶就是用马牛羊奶和紧压茶一起熬煮而成，藏族的酥油茶、云南的普洱茶也都属于紧压茶；萃取茶，是以各种茶品为原料，经热水萃取、过滤或浓缩、干燥，制成固态或液态茶，比如近年来市场上的罐装饮料茶、浓缩茶和速溶茶。

所谓色香味俱佳的名茶，大都是优越的自然条件、优良的茶树品种、精细的采摘方法和精湛的加工工艺相结合的产物，在国内外享有很高的声誉。茶品众多，名茶辈出，中国人饮茶也是各有所好。一般来说，北方人喜欢喝香浓的花茶，江南人离不开龙井、毛尖、碧螺春等绿茶，西南地区的人更习惯喝味道醇厚的普洱茶，福建、广东、台湾人喜好乌龙茶，牧区居民则主要喝奶茶。有人说，绿茶代表了江南的文人气，清涩淡远；红茶具有闺秀气，宁静安闲；乌龙茶象征着长者的智慧，醇厚圆润；花茶则热闹

福建宁化，客家女主人在制作擂茶。

如市井，浓郁又直接。因此，看一个中国人喜欢喝的茶，不仅能大致猜出他来自哪里，还能感受到他的个性和修养。

除此之外，中国的一些少数民族地区还有很多极具地方色彩和民族风情的茶品茶俗。云南白族用"三道茶"敬客，寓意"头苦，二甜，三回味"；侗族的"打油茶"，用茶叶、果仁和油盐一起煮成茶汤来敬客；湖北土家族的"油茶汤"，是用茶油煎茶叶和花椒，然后溅水入锅，再加入姜丝、猪杂、核桃仁和炸黄豆、炸花生米、炸粉条等；宁夏回族人喜欢用"盖碗茶"迎客，当着客人的面，将碗盖揭开，把茶叶、白糖、红枣、桂圆、枸杞、芝麻、核桃仁、葡萄干等放在盖碗里，然后冲开水加盖，双手捧送，以示尊敬；华南地区的客家人习惯饮"擂茶"，把茶叶、芝麻、花生仁和一些中草药在陶钵中擂成细末后冲泡或略煮；牧区各族的奶茶，都是在泡煮茶叶过程中，加入当地人喜爱的佐料，牧区缺乏蔬菜，茶叶是补充维生素和微量元素等的重要来源。这些喝茶习俗不管怎么奇特，总还是以茶叶的冲泡为主，而在湖南、贵州、广西一带的山区有一种茶很是特殊，其制作过程与虫子密切相关，这就是"虫茶"。所

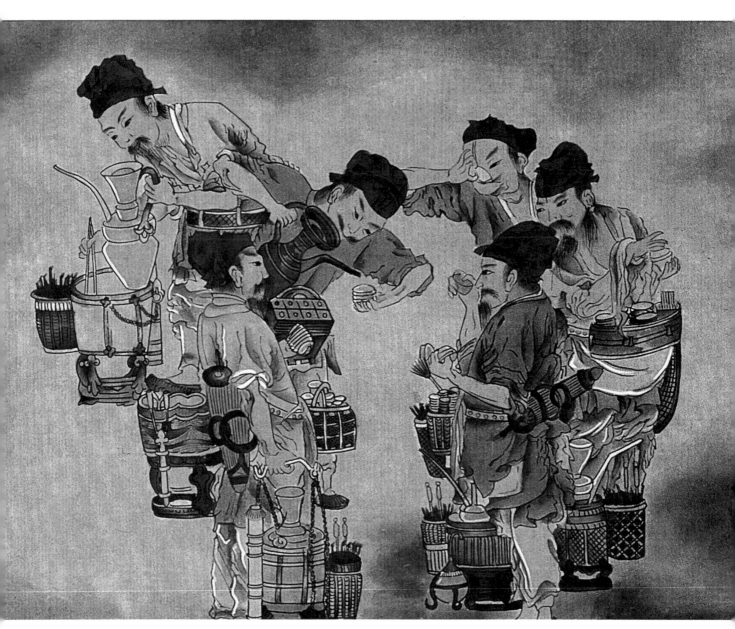

宋代《斗茶图》所反映的斗茶情景

谓虫茶其实就是晒干了的茶虫的粪粒，虫茶的来源似乎与茶的清雅不符，但是虫茶泡出的茶饮，不仅醇香宜人、生津止渴，还有很好的保健功能和药用价值，可以用来治疗腹泻、牙龈出血和痔疮便血。根据昆虫所取食植物的不同，虫茶分为三叶虫茶、白茶虫茶、化香虫茶。其中湖南城步的三叶虫茶，汤色清亮，口感似普洱，但产量稀少，最为珍贵。

　　饮茶风尚在中国可谓源远流长、历史悠久。唐代陆羽（733—804）对于茶和茶文化的普及贡献最大。陆羽幼年在寺院中度过，他将前人著述中有关茶的记载与自己潜心研究的成果结合，完成了世界上第一部有关茶叶的著作——《茶经》。这本书系统地介绍了茶的起源、历史，茶树的性状，茶叶的品质、种类、产地，茶叶的采制方法、烹茶技术，以及品饮茶用具、品茶经验等，是一部有关中国茶文化的重要文献。陆羽《茶经》的问世，使唐宋茶文化盛行，而且影响远及海内外，日本、韩国、美国、英国至今还保存了许多藏本和译本，陆羽也因此被后世奉为"茶神"、"茶圣"。

福建省武夷山市天心村，茶农在家门口举办斗茶赛。

清乾隆年间的宜兴刻花茶壶，广东省博物馆藏。

　　唐朝中期还出现了一种以竞赛的方式，评定茶叶质量、沏茶技艺的方法，即"茗战"，被认为是中国古代品茶的最高表现形式。其后的宋代，品茶之风更盛，帝王将相、黎民百姓普遍参与，成为中国历史上最热衷于"斗茶"的时代，不仅名茶产地和寺院有斗茶之举，就连集市买卖茶叶也要斗茶。历史上许多名茶、贡茶的产生，都与斗茶有着直接或间接的关系。斗茶一般是二三人聚集在一起，献出各自珍视的好茶，烹水沏茶，一争高低——茶品以"新"为贵，茶水以"活"为佳，茶味以"香甘重滑"为上，茶香以"真香"为美，茶汤以"无色"为优。与之相应，出现了崇尚以黑色茶碗（即福建建阳出品的"建窑黑瓷"）取代青瓷碗的唯美风尚，黑色茶碗映显淡色茶汁，呈现出别致的视觉美感。

　　唐代的《茶经》和宋代的"斗茶"，对中国茶文化的发展起了很大的作用，直接影响到现代中国人对于茶叶、水质、水温、茶量、茶具等的品评标准。古人烹茶、煎茶以山上的泉水为最佳，江水、雪水、雨水次之，井水最差。用现代的饮茶观点解释，就是"水质"必须选用清新的软水，忌用硬水（含矿物质较多的水）；水温和茶品有关，大部分的茶品，接近摄氏100度的水冲泡为宜，但绿茶及轻发酵茶通常不宜超过90度；茶量也因茶品的不同而不同，从占茶壶容量四分之一到四分之三的都有；至于茶具，不同的茶品要用不同的器皿——花茶用瓷壶而茶香不失，清淡的绿茶，最好用玻璃杯，既可保其香气，又可观赏茶色、茶形，而对于红茶或半发酵的茶来说，砂陶茶具最佳。

说到茶具，唐代以前，茶具与食具是不分的。唐朝末年，出现了饮茶最理想的器具——紫砂壶。紫砂壶不同于一般的陶器，是以一种质地细腻的紫红色软泥为原料，经 1100 摄氏度左右高温烧制而成，里外都不上釉，透气不透水，在 600 倍的显微镜下可以观察到它的双重气孔。因此，用紫砂壶泡茶，具有良好的保味功能。而紫砂壶的壶盖上有气孔，盖内凝结的水珠就不会滴入茶壶内而使茶水发酵走味。同时，紫砂壶高温烧制，传热慢，即使放在炉子上煨炖也不易破裂。

紫砂壶的产地宜兴，位于苏、浙、皖三省交界处，地处太湖之滨，不仅是著名的产茶基地，还被誉为"陶都"。宜兴的紫砂壶从北宋开始兴起，到了明代，团茶改为散茶、以茶壶泡茶的饮茶方式的转变，更使得宜兴紫砂壶名扬天下。后来加上不少文人雅士直接参与设计和制作，紫砂壶往往集诗文、书画、篆刻、雕塑于一体，具有很高的艺术价值和实用价值。高档的宜兴紫砂壶相当名贵，价比黄金，曾一度成为人们学识、地位、身份的象征。紫砂壶使用年代愈久，色泽越光润典雅，泡出来的茶香气越醇厚。爱饮茶的人，不仅酷爱收藏、把玩茶壶，更喜欢用不同的茶壶饮不同的茶品，以使壶日久味纯。"藏壶"、"养壶"至今仍被视为一种高雅的习惯。

"功夫茶"是讲究用宜兴紫砂壶的。功夫茶并非一种茶叶或茶类的名字，而是闽南、广东潮州一带特有的传统泡茶风俗，之所以叫功夫茶，是因为这种泡茶方式极为讲究，操作起来需要一定的功夫。功夫茶从唐代流传至今，以至于旅居海外的潮州人以此作为认祖归宗的标志。正宗潮州功夫茶谨遵古制，主客只限四人，这与明清茶人主张茶客应"素心同调"、不宜过多的思想相近。客人入座，要按辈份或身份从主人右侧起分坐两旁。客人落座后，主人开始操作。功夫茶的茶具极为讲究，茶壶小巧玲珑，只有拳头那么大，茶杯则只有半个乒乓球大小。茶叶选用"绿叶镶红边"的半发酵的乌龙茶，茶叶几乎塞满茶壶，并用手指压实——压得越实茶味越酽。冲茶斟茶采用"高冲低斟"的方法，沸水沿茶壶口内缘高高冲入茶壶中，不急不缓、一气呵成。但头一泡不能饮用，而是用来洗茶和冲烫杯子，并起到预热茶具的作用。斟茶时，茶壶要尽量靠近茶杯，不能斟满上一杯再斟下一杯，而要巡回穿梭于四个小杯之间，直到每杯都达七分满。等到茶汤剩下最浓的精华部分，则把茶汤均匀地一点一抬头地依次分入四个小杯，以保证浓淡均匀，香醇一致。

品茶也有规矩，讲究的不会马上就喝，而是先用凉开水漱口，以保证茶味的纯正。功夫茶味浓，一般先闻香味，然后看茶汤的颜色，最后才是品味道，而且要细酌慢饮，一杯茶刚好分为三口品完，这样香味从舌尖逐渐向喉咙扩散，最后一饮而尽、神清气爽。人们一边喝茶，一边互诉衷情、谈笑风生。功

广东揭阳功夫茶艺中用的茶具 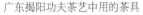　　广州茶艺师泡功夫茶。

夫茶追求的是人与自然的和谐相融和心灵感应，真正体现了中国茶艺的天人合一、崇尚自然、无拘无束的精神，以及中国人温良醇厚、含蓄深沉、宁静致远的性格。

　　功夫茶是中国茶道之集大成者。和谐的气氛、雅致的茶具、精湛的冲斟，这种恬淡祥和的意境，不禁让人联想起中国的各式茶馆。正式的茶馆兴盛于宋代，当时有适应各阶层需要的各种茶馆，一些高雅的茶馆，不仅墙上挂有名人字画，室内还摆着应时的鲜花和盆景，并伴有鼓乐丝竹。到了清朝乾隆（1736—1795）、嘉庆（1796—1820）年间，北京的茶馆和曲艺结合，人们在茶馆里可以边品茶边欣赏曲艺，还可以自带茶叶，只付水资。北京的戏院曾经就叫"茶园"。现代的茶馆已经发展为一种非常普遍的服务行业，尤其是在江南，大小城镇，随处可见，有沉寂多年的传统茶馆，也有结合了咖啡吧、酒吧特点

北京老舍茶馆内，茶客们边喝茶边欣赏曲艺表演。

的新式茶室，还有兼营菜肴茶点的茶馆。而被视为北京特色的大碗茶——路边大树下搭一个凉棚，土台土凳粗茶碗，用大碗茶招徕过往行人的茶摊，如今已很少见了。

北京的传统茶馆，现在最有名的要算是老舍茶馆。茶馆的门楼、桌椅、杯壶，古色古香，茶客们一边低头啜一口茶，一边听京韵大鼓、评书，兴趣所至也会清唱一段过把瘾。茶馆里不但可以喝茶，欣赏传统的曲艺表演，还可以买到喜欢的"茶文化"物品。

南方茶馆又称"居"，老广州称去茶馆喝茶为"上茶居叹茶"，叹者，享受也。广州人爱喝早茶是出了名的，每天一大早，茶客们就在茶馆门前恭候，大门一开，鱼贯而入，服务员立即上前服务，喝什么样的茶，吃什么样的糕点，任你选定。清茶加美点，的确是一种艺术享受。吃早茶，是广东人的一种传统风尚，就像英国人爱喝"下午茶"一样，不同的是英国人喜欢喝味道浓厚的红茶，还要加上牛奶和砂糖。

成都武侯祠内茶馆，茶客们饮茶聊天。

　　四川人饮茶历史悠久，茶馆更是普遍。在成都，走不上几步，便会看到一间茶馆，而且茶棚满座。有人就把成都茶馆与巴黎酒吧、维也纳咖啡馆并称"世界之饮"。成都的茶馆有大有小，大的多达几百个座位，小的只有三五张桌，但无论大小，无论走进哪家茶馆，都会领略到一股独特而浓郁的成都味儿。茶具是茶碗、茶船、茶盖成套使用的盖碗，茶叶多半是花茶，花茶清热去火，很适合爱吃辣椒的成都人。而侍者用长嘴铜壶斟茶，可以说是川式茶楼的绝技。侍者提着锃亮的长嘴铜壶，铜壶犹如赤龙吐水，高高举起，低低收回，一气呵成，滴水不漏。悠闲安逸的成都人是最喜欢泡茶馆的，老年人喜欢到茶馆品茶、聊天、听戏曲，职场人士喜欢进茶馆休闲、交际、谈生意。清茶未到，话匣先开，茶客们或喝茶聊天，或嗑瓜子剥花生，或读书看报，或打牌下棋，或赏花赛鸟，倦了就在竹椅上打瞌睡。如今，许多茶馆还引入现代科技，增加了卡拉OK、录像节目、网络服务等。但始终不变的是那份平和闲适的市井之趣。

　　中国有句俗话"茶可清心"，喜欢喝茶的中国人在茶香氤氲中很容易获得一种暖意和温馨，一种恬静和悠闲。喝茶，喝的不仅是健康，也是修心养性的茶道之趣，更是中国人天人合一、和谐自然、重视感悟的生活美学的体现。

饮酒的乐趣

中国汉代人称酒为"天之美禄"，说它是大自然赐予人类的美好的礼物。酒，是包括中国在内的全世界各民族共享的一种特殊而普遍的饮品。欧洲是葡萄酒的故乡，中国是黄酒的故乡。考古学证明，距今约 6000 多年的新石器时代中期，中国已经有了专用的陶制酒器。古书中也记载了许多关于酒的起源的说法，比如猿猴造酒、尧帝造酒、仪狄造酒、杜康造酒，但多半不是信史。到了商代，酿酒、饮酒之风已很盛行。流传下来的商代甲骨文、金文中有很多用酒祭祀祖先的记载，汉代《史记》中也有商王纣"以酒为池，悬肉为林……为长夜之饮"的记载。近代考古发现，商代贵族墓穴中有大量的爵、觚、樽、卣（yǒu）、彝等青铜酒器，而贵族地位等级的高低也和随葬酒器的多少有关。1980 年河南信阳出土的商代后期墓葬中有一件密封的青铜卣，卣内尚保存着香酒。这是中国现存最古老的酒，珍藏在北京故宫博物院。

用谷物酿酒，是中国酒的传统和特色。中国

山西博物院藏品——凤鸟纹提梁卣（西周）。卣，是一种器皿，盛行于商代和西周时期，当时用来装酒。外观上大部分是圆形或椭圆形，底部有脚，周围雕刻精美的工艺图案。

四川宜宾，白酒作坊里刚出锅冒着热气的酒糟。

苏州周庄，装满黄酒的小船。

人在酿酒技术上的一项重要发明，就是用酒曲造酒。酒曲是发霉或发芽的谷物，主要是小麦和稻米，人们对发霉的谷物加以改良，就制成了适于酿酒的酒曲。酒曲里含有使淀粉糖化的丝状菌（霉菌）以及促成酒化的酵母菌，可将谷物原料糖化发酵成酒。南北各地利用不同的谷类制作酒曲，酒的种类也随之不同。南北朝（420—589）时，制酒曲的技术已达到很高水平，当时的重要著作《齐民要术》记述了12种制酒曲的方法。

　　酒曲造酒，是一种自然发酵的方法。这种酿酒方法，主要是凭借经验，手工操作，生产规模一般不大，酒的质量并没有严格的科学检测标准。但经过数千年的经验积累，中国人的酒曲发酵技术已相当成熟，其基本原理和方法被民间广泛使用，至今许多地区还保持着家庭自酿酒的传统。有些善饮人士认为，中国真正的美酒佳酿并不出自酒厂，而是在民间。民间用籼米饭加大曲（酵母菌曲），封罐一个月以上，就可以酿出四五十度的白酒；用糯米饭加小曲（根霉菌曲），密封数日，就酿成了10度左右的醪糟，如再封存一个月以上，就成了甜糯米酒。饮食醪糟的习俗在中国南方各省相当普遍。无论白酒还是甜酒，封存时间越长，酒味越醇。

中国幅员广阔、地大物博，各地农作物品种、水质、气候及酿酒技术的一些差异，造就了中国富有地域特色的各式佳酿。

黄酒，也称"米酒"，是世界上最古老的酒类之一，也是世界三大酿造酒类（黄酒、葡萄酒和啤酒）之一，堪称东方酿酒技术的典范。黄酒的生产原料，在北方主要是高粱、小米和黄米，南方则普遍用稻米（尤以糯米为佳），酒度一般为15度左右，酿造的年头越久，味道越清醇甜润。黄酒的颜色一般是橙黄而透明，但也有黑色的、红色的。在酒的过滤技术并不成熟时，酒呈混浊状态，古代人曾因此称之为"浊酒"。

从宋代开始，中国的经济文化中心南移，黄酒的生产在南方地区更为兴盛。元朝时，烧酒开始在北方普及，而黄酒逐渐萎缩；南方喝烧酒的人明显不如北方普遍，因此，黄酒生产得以在南方保留下来。清朝时，还一度出现过浙江绍兴的黄酒称雄海内外的盛况，以至现在爱喝黄酒的人仍首选"绍兴黄酒"。

绍兴酒是黄酒中的代表。女儿红、状元红和花雕都是绍兴酒中的高档酒。这种长年糯米酒，口感甘爽，味道清醇，又是稀有补品，坛口一开，酒香四溢。绍兴酒度数适中，不像烧酒，几杯就使人醉卧不起，也不像啤酒，喝了几瓶，还没有一点飘飘然的感觉。性情温和的黄酒，很容易使人达到微醺的状态。这时，人的情绪极为活跃和亢奋，思维特别敏捷，容易生发丰富的想象和创作冲动。这可能就是绍兴才子文人辈出的一个原因吧。

中国传统的白酒（烧酒），是最有代表性的蒸馏酒。大约在6世纪至8世纪，中国就已有了蒸馏酒。简单蒸馏器的创制，是古代中国人对酿酒技术的又一贡献。19世纪末20世纪初，从西方引进了微生物学、生物化学和工程技术后，中国传统的酿酒技术发生了巨大的变化，机械化水平大幅度提高，生产规模随之扩大，白酒也逐渐成为中国人日常饮用的主要酒类。但由于物产的差异性，南北各地的制酒原料不同，就出现了不同香型的白酒，主要有酱香、浓香、清香、米香、豉香、芝麻香、兼香等多种香型。位于中国西南部的贵州和四川是公认的出产优质白酒的省份。中国各地的好酒不下四五十种，贵州的茅台、四川的泸州老窖和五粮液、山西的汾酒和竹叶青、陕西的西凤酒都闻名中外。西方人讲究不同的场合喝不同的酒，酒有时还是身份品位的象征，中国白酒虽然也分高中低档，但中国人挑选白酒主要还是依据自己喜欢的酒的香型和口感。

贵州茅台酒是酱香型白酒的典范，被尊为中国的"国酒"，与苏格兰威士忌、法国白兰地并称"世界三大蒸馏酒"。茅台酒以当地优质高粱为原料，上等小麦高温制曲，有着一套独特而严格的酿制工艺：两次投料、九次蒸馏、八次发酵、七次取酒，生产周期长达一年，互相掺兑后入库贮存三年以上，然后与贮存多年的陈酒混合勾兑，再贮存一年，直到最后装瓶出厂，需要近五年的时间。整个过程不加半点

四川泸州古蔺赤水河，因孕育了中国十大名酒中的贵州茅台和四川郎酒这两朵奇葩而被誉为"美酒河"。

古老的贵州茅台酒酒窖

香料，但在反复发酵中却形成 100 多种香气，且香而不艳、醇厚细腻，度数也始终稳定在 52 度至 54 度之间。据说不少地方有意效仿，操作程序丝毫不差，甚至从茅台运去原料、水以及敷窑壁的水泥，又把茅台镇最有经验的酿酒师请来，但只要离开茅台镇这方圆不大的地方，就无法造出那种特有的酱香。可见酒是有故乡的。与茅台酒一样，中国的许多名酒都有自己独有的工艺和酒窖，泸州酒窖从明代万历年间（1573—1620）开始使用，至今已有 400 多年历史。

现代医学证实，优质酒中的苯酚化合物能防止动脉脂肪的堆积，具有抗衰老的功效；叶酸、泛酸、阿法酸等能抑制某些病菌，具有清热解毒的功效；微量钾离子和少量酒精能利尿并促进盐的排泄，保持

哈尔滨啤酒节万人同饮活动中，市民和游客共同举杯畅饮，跳舞唱歌狂欢。

1861 年的铜版画：餐桌上划拳的中国人。法国《L'unirers illustre》画报刊载。

2010 年世界杯足球赛期间，深夜，北京三里屯酒吧一条街上坐满了喝酒看世界杯的年轻人。

人体含盐量的平衡。因此，适当饮酒，具有一定的治病保健的功效。中国民间用酒与传统中医结合，自制出许多药酒，用来防病治病，如治风湿和跌打的虎骨酒、三蛇酒，治妇科病的乌鸡白凤酒，治肺气管病的蛤蚧酒，治风湿和气管炎的蛇胆酒和各类补酒，等等。近年来，现代医药学也逐渐意识到药酒的特殊功效，使之在医疗保健事业中不断地有所创新。

中国人还喜欢喝啤酒。啤酒本属于外来酒，于20世纪初传入中国，最早的啤酒厂1900年建于哈尔滨。仅仅一个多世纪的发展，啤酒已经成为中国人消费最多的一种酒。啤酒含二氧化碳，饮用时有清凉舒适感，所以成为很多中国人夏季防暑降温解渴的酒饮之一。同时，啤酒还能帮助消化，促进食欲，促进血液循环，对心脏病和高血压患者也有一定疗效。

尤其是近十多年来，中国经济发展迅速，人们的生活方式、饮食内容更加多元，白兰地、威士忌、朗姆酒、伏特加、葡萄酒、果酒等各种洋酒的引进，使中国人的酒饮选择更加丰富多彩。各地蓬勃兴起的酒吧文化也代表了一种年轻人的消费时尚，许多初到中国的外国人都惊讶于中国大中城市酒吧的普及程度，其风格的国际化也反映了中国人自由、开放的生活状态。

酒与茶一样，自古以来就与中国人的饮食生活和各种社会活动密不可分。人们或用酒祭祀祖先，以示诚敬；或藉酒自适，成就诗文；或亲朋宴饮，把酒言欢。甚至在一些中国人看来，生活中可以一日无食，但不可一日无酒，酒远远高于食之上。在几千年的文明史中，酒作为中国饮食文化的重要组成部分，作为一种特殊的文化形式，几乎渗透到中国人社会生活的各个领域，对中国的政治历史、文学艺术、宗教文化、科学技术、民风民俗、社会心理等各个领域都产生了巨大的影响。

中国古代用谷物酿酒，粮食收成如何，是执政者是否开放酒禁或征收酒税的依据，因此，酒业的兴衰成为古代粮食生产丰歉的晴雨表。酒与历代民生、赋税也有直接关系，自从汉武帝天汉三年（公元前98年）实行中央政府对酒的专卖政策后，各封建王朝财政收入的主要来源之一就是酿酒业收取的专卖费或专卖税。向百姓开放酒禁，往往与朝代更替、帝王更迭及一些重大的皇室活动有关。

酒与中国文人的关系十分密切。尤其是魏晋（220—420）和唐代，文人名士好酒善饮的记载很多。魏晋名士喜欢清谈，饮食上最突出的特点，就像鲁迅先生所说的"食菜和饮酒"，"竹林七贤"就是其中的代表。"无事常痛饮"，这是处在动荡不安社会背景下的文人，酒后放狂言以表达对时政的不满，借酒浇愁、以酒避祸，反映了乱世文人的无奈处境。从此，文人纵酒不再被看成是败德丑行，而被视为风雅之举，人们对酒、诗、文人三者之间的关系多有着浪漫的遐想。到了唐代，饮酒更为文人所崇尚，诗中有酒、酒中有诗的大诗人李白和杜甫，因醉酒而获得一种创作的自由状态，从而创作出流传千古的

侗族同胞相互敬酒，庆贺新年。

土家族人"咂酒"

名作。不仅诗人，在绘画和中国文化特有的艺术——书法中也是如此："书圣"王羲之醉时挥毫而作《兰亭序》，怀素酒醉泼墨而作《自叙帖》，"草圣"张旭"每大醉，呼叫狂走，乃下笔"。由于中国诗歌、音乐、绘画、书法等传统艺术注重抒情性，酒使艺术家们回归纯洁本真，直面心灵，从而激发出创作灵感。这种创造力的迸发便是追求绝对自由、忘却繁华利禄的中国酒文化的精神升华。

　　酒是中国人社交和宴饮的主角，所谓"无酒不成席"，举杯开宴，落杯就要散宴。中国人聚餐喝酒，觥筹交错中希望的是增进了解、联络感情，"酒逢知己千杯少"，体现出中国人重视人与人之间和谐相处、愿意与他人分享快乐的人生态度。因此，中国人酒宴的时间一般较长，短则一两个小时，长则通宵达旦。如此长时间除了吃饭喝酒，席间便有一些活跃气氛、增添情趣的娱乐活动——行酒令。行酒令是中国酒席宴饮中自古就有的劝酒、罚酒和助兴游戏，也是中国饮酒风俗中最有特点的一种方式。酒令的形式五花八门，文人雅士常用对诗、对对联、猜字、猜谜等，一般百姓中最常见的就是猜拳。对饮两方，有时势如两军对垒，振臂划拳、击节叫好，斗志斗趣斗酒量，很是热闹。现代的划拳有时也略显粗俗，有些场合是明令禁止的。

　　中国人的好客，在酒席上发挥得淋漓尽致，人与人的感情交流往往在敬酒时得到升华。故人重逢，好友相聚，饮上几杯，其乐陶陶。酒，营造出一种温暖和谐的气氛。因此，中国民间一直有"以酒迎客、以酒待客"的传统，"喝酒干杯"的习俗在南北各地都很盛行。酒席开始，主人往往先讲上几句话，然后就开始第一次敬酒。主人先将杯中酒一饮而尽，即所谓"先干为敬"，以示对客人的尊重。有时，主人还要依次向客人敬酒，客人要以同样的方式回敬，否则就是失礼。客人之间也可以相互敬酒。敬酒时，双方一般都要起立，普通敬酒以三杯为度，客人喝得越多，主人就越高兴。因此，中国人的敬酒心态很有趣，往往都希望对方多喝点酒，这与西方人喝酒只求自适似乎不太一样。另外，参加宴席，最好不要迟到，否则主人和其他客人都会提出罚酒。

　　好客的少数民族，在待客敬酒方面也有着各民族独特的风俗习惯。蒙古族敬酒时，主人往往手捧酒碗，唱着祝酒歌，直到宾主尽醉方休；壮族人敬酒要与客人喝交杯酒，但喝酒不用杯子，而是用白瓷汤匙，主客从酒碗中各舀一匙，相互交饮；西北地区的裕固族待客都是敬双杯，主人不论客人多少，只拿出两只酒杯，轮番给每个客人敬双杯；西南地区的苗族、羌族、土家族流行一种"咂酒"的饮酒方式，人们围坐酒坛四周，每人用一根竹管或芦管插入酒坛中吸，一般按先长辈后晚辈的顺序，咂酒体现出当地人崇尚礼仪、热忱纯朴的民族性格；藏族人待客用青稞酒，主人把盛满酒的酒杯端到客人面前，客人双手接过酒杯，然后用一只手的中指和拇指轻蘸杯中酒，朝天弹三下，分别敬天神、敬地、敬佛。喝酒时，客人先喝一口，主人马上倒酒斟满，再喝第二口，再斟满，接着喝第三口，然后再斟满，之后客人就得把满杯酒一口喝干了。酒在少数民族中还有一大妙用：某些地区还保存着"歃血为盟"的古老风俗，一般是杀鸡、羊，甚至刺破双方手臂，滴血入酒。饮这种歃血酒在少数民族中被视为一种神圣的盟约。

　　中国的酒礼、酒俗几乎与酒同步诞生，一些风俗保留至今。"喜酒"，往往是婚礼的代名词，置办喜酒即办婚事，去喝喜酒，也就是去参加婚礼。喜宴上，新娘新郎要向父母和来宾敬酒，双方还要手臂相交喝"交杯酒"，以示百年好合；婚礼后第二天，新娘要带着新郎回娘家，女方家要设宴待客，这叫"回门酒"。"满月酒"、"百日酒"是中国各民族普遍的风俗之一，就是在孩子出生满一个月或满一百天时，父母摆上几桌酒席，邀请亲朋好友共贺，来宾一般都要带礼物，或送红包（里面包着钱的红色小纸袋）。"寿酒"是为老人祝寿的酒宴习俗，一个老人的六十岁、七十岁、八十岁、九十岁，甚至一百岁，都可称为"大寿"，一般由儿女或者孙子孙女出面举办，邀请亲朋好友参加；如果有老人去世了，办丧事也要办酒席，汉族的习俗是"吃斋饭"，也有地方叫吃"豆腐饭"，虽然是吃素，但酒是必不可少的。

　　中国人一年中的几个重大节日，都有相应的饮酒活动。如除夕夜喝"年酒"，祝福新的一年合家安康，有的地方还有饮酒守夜的习俗；端午节饮"菖蒲酒"（菖蒲，多年水生草本植物，菖蒲酒是一种配制酒，

在村口端着酒碗唱敬酒歌迎接宾客的苗族妇女

提取菖蒲汁液作为香料，放入以大麦、豌豆制成的酒曲酿造的高粱酒中浸泡、过滤而成）以辟邪、除恶、保平安；中秋节，无论家人团聚，还是挚友相会，都离不开赏月饮酒，此时正是桂花盛开的季节，饮"桂花酒"成为中秋节的传统风俗之一；重阳节，自古就有登高饮酒的习俗，许多地方都有饮"菊花酒"的传统。另外，赶上重要的节日，一些地方还要为死去的祖先留着上席，摆上酒菜，或者在祖先灵像前插上香，放一杯酒、若干碟菜，以表达对祖先的哀思和敬意。

　　酒，是一种让人精神兴奋的饮品，在酒精的作用下仍能保持君子风度的人会受到尊敬和钦佩。儒家思想讲究"酒德"，也就是说饮酒者要有德行，儒家并不反对饮酒，用酒祭祀敬神和养老奉宾，都是德行，但要适度。饮酒过度、醉生梦死不是儒家崇尚的生活态度，正所谓"酒以成礼，酒以治病，酒以成欢"。虽然在一些特定的场合，酒是不可缺少的，但是，酒能使人上瘾，"酒能乱性"，多饮致醉而惹是生非，还会损害身体健康。因此，从古至今都不乏讲酒德、作酒训，劝人节制饮酒的典籍。当代社会，政府部门已明令禁止公务员在工作日的午餐时间饮酒，对一些特殊职业的人员还有更明确的禁酒限制，而司机更会因酒后驾驶被追究法律责任。

云南勐海，哈尼族人唱祝酒歌庆祝嘎汤帕节（哈尼族的年节）。

　　中国的酒文化源远流长、根深蒂固。酒，已经融入了中国人社会生活的各个方面，影响着中国人的生存方式、民风民俗、人际交往乃至心理个性。人们借"酒"传达着不同的文化和情感，人生百态，万般情怀，都可以化为杯中酒，其中的酸甜苦辣、乐趣妙处，惟有饮者自知，斟者会意。

美味与健康

中国的烹饪技术是一种味觉的艺术。五味调和，首先是为了滋味，为人的口舌带来直接的感受，同时对人的肌体有重要的调节作用和保健功能。以食当药，利用食物不同的味道、特性及其营养成分来影响肌体的功能，依靠日常的饮食来增强体质、抵御疾病，是中国饮食文化的重要内涵和一大特色。中国人的哲学传统讲究"天人合一"，这种文化心理反映在饮食方面，就是食者与食物的和谐相处、共生共长，于是在中国人的日常饮食中就有了许多禁忌。比如食物的合理搭配、时令或日常饮食禁忌以及发物和忌口等问题。

五味调和

　　如果说饮食的主要目的是强身健体、食物的第一要素是营养的观点体现了一种科学实用的态度的话，中国人讲究食物色、香、味、形的美，讲求食器的精、环境的雅，则体现了一种艺术精神。因为自古就崇尚"五味调和"，为了获得更丰富的味觉体验，中国人发明了在烹饪中使用调料调出各种味道的技艺。围绕着酸、甜、苦、辣、咸这"五味"，菜肴的口味竟达 500 种之多。

西藏芒康县盐井乡，澜沧江畔的古盐井与盐场。这里是茶马古道上重要的食盐产地，当地的纳西族人至今仍以原始的方式晒盐。

工人师傅正在查看陈醋晾晒情况

　　五味之中咸为首，咸是五味中最单纯、最重要的一味。各种味道要增加口感，都离不开盐。盐有提味的作用，没有盐，什么山珍海味都无法呈现其鲜美滋味。但从保健的角度讲，盐是不能多吃的。

　　酸味也是饮食中不可缺少的，尤其是在中国北方，水硬、碱性大，为了帮助食物更好地消化，做菜时就会经常用到醋，并以此增进食欲。酸还能去腥解腻，在口味偏浓重的宴席上，往往配有酸味菜肴。酸味的种类也很多，不仅梅酸、果酸与醋的酸味不同，就是醋类调料，也由于产地、原料、制法的不同，有很大差别。一般北方把山西产的陈醋视为正宗，而江浙一带则把镇江产的米醋看作正宗。食醋最典型的地方是山西，许多家庭都掌握用谷物、水果酿制成醋的技术，吃饭更是每天都离不开醋。有趣的是，汉语中还用醋表达男女之间产生嫉妒时的情感体验，"吃醋"、"醋坛子"都是南北通用的俗语，想必是与醋本身的酸性特质有关吧。

　　辣是五味中最富刺激性、最复杂的一味。有时会"辛辣"连用，实际上辛与辣有很大的区别：辣是味觉，对舌头、咽喉、鼻腔产生强烈的刺激，而辛则不仅仅是味觉，还包括嗅觉的成分。辛味主要是从姜中获取，而辣味一般指辣椒、胡椒的味道。由于辣椒是外来物种，中国早期的调味中并没有辣味，而包含在辛味中。姜不仅能驱除异味，还能激发出鱼和肉的美味，所以烹制鱼、肉离不开姜。烹饪时用辣椒也有一定的原则，不过度追求辣的强度，以咸鲜为基础，要辣得有层次感，辣而不燥、辣中有香。此

外，大蒜、葱、姜等辛辣调料还有杀菌作用，是凉拌菜肴常用的调味品。

苦味在烹饪时很少单独运用，却是不可或缺的。在炖肉煮肉时加上陈皮、丁香、杏仁这些略带苦味的调料，可以去除腥膻气，激发出肉的香味来。中医理论还认为苦味有健胃生津的作用，有人颇好这一口味，川菜中的怪味就包括苦味。

甜味在基本味中具有缓冲作用，如果咸、酸、辣、苦太重，都可用甜味矫正。烹制其他味道的菜肴，加糖可以起到提鲜润色的作用，但放糖要适量，以不甜腻为宜。因许多调料都能产生甜味，而且差别不小，烹饪界一般以蔗糖的甜味为正味。

陕西岐山县，农民在晾晒辣椒。

陈皮即芸香科植物橘及其栽培变种的干燥成熟果皮，是重要的中药材和调味品。图为芸香科柑橘属植物甜橙。

云南巧家，金沙江岸上以甘蔗为原料的土法制糖。　　广西贺州市黄姚古镇，豆豉和干果加工场内晾晒的豆豉。

　　未入"五味"之列而在烹饪中又占有重要地位的是鲜味，"鲜美"被用来形容饮食中最美的味道。一般说来，大部分食物都有鲜味，多通过煮汤获得，比如用鸡肉、猪肉、牛肉、鱼、排骨等原料煮汤，在煮的过程中清除其恶味，然后稍加盐，则鲜味全出。鲜汤不仅可直接食用，还用来烹制本身无味或味道淡的食物，比如鱼翅、海参、燕窝、豆腐、面筋等，必须用鲜汤烹制，才能使滋味鲜美。味精是人工制造的鲜味，因为是人工合成，无法与自然调和出的鲜汤相比，所以高明的厨师往往不屑使用。

　　中国烹饪精于调味，不仅有高超的烹调技艺可以调和各种自然的味道，更因为有大量可供使用的调味原料。除了盐、醋、糖、鲜汤等有代表性的调味料外，酱、酱油、酒、腌菜、豆豉、腐乳、臭豆腐等也都是中国人烹制菜肴时经常使用的调料。

　　用豆子发酵制成的酱，在中国古代地位很高，最初曾是上等食品，宴请贵宾时，一定要配酱。吃什么肉，配什么酱，有经验的食客只要看到端上来的酱，便知晓将会吃什么美味。后来，酱发展为重要的调味料，在此基础上，诞生了酱油、豆酱、豆豉等调料。豆制调料是极具中国特色的调味品，在中国烹饪史乃至世界烹饪文化中占有重要的一席之地。

用酒调味也是中国烹调的一大发明。酒不仅能消除鱼、肉的腥臊异味，还能产生一种鲜香。炒菜时洒些料酒，菜的美味在瞬间的酒香热气中散溢出来，炒出来的菜香嫩可口。

除了中国人，不知道世界上还有哪儿的人喜欢吃臭味食品。西方人的奶酪似乎和臭味沾点儿边，不过比起中国人的臭豆腐可差远了。中国的臭豆腐，闻起来臭，吃起来却有一种独特的香味，而且南北出产不同口味的臭豆腐。北方的臭豆腐一般作为调料，南方的臭豆腐从本质上来说已经是一道菜了，从选料到制作，极为讲究。北方以北京王致和臭豆腐为代表，块头小，颜色发灰；南方的湖南火宫殿臭豆腐最出名，体积稍大，油炸后外硬内软，吃时佐以辣椒等调料。

中国的烹饪技术是一种味觉的艺术。单一的味道给人的感受并不尽善尽美，五味要经过调和，才能取长补短、相互作用、令人回味无穷。在具体的烹饪实践中，厨师要根据食客口味、季节特点以及保健功能，在烹饪调味中灵活变化。就说用盐，一桌菜肴，先上桌的菜，按照平时的用量放盐，随后一道道菜放的盐就要逐渐减少；到最后上桌的那盆汤，一般是不放盐的。当然，吃宴席的人不曾知道其中的细腻变化，只是觉得口感适合。不同风味的菜系，运用的原料大同小异，使用的烹饪手段也无非是炒、炸、蒸、煮等，主要的差别，就在于味道调制的不同。调味的方法极其细腻，调料的使用比例、下料次序、调料时间（烹前调、烹中调、烹后调），都要恰到好处。或先或后，或多或少，相差甚微，却有一定的准则，太早不行，太迟也不行；太多不行，太少也不行。人们喜欢某一种菜，说到底还是喜欢这种菜的味道。

台北士林夜市小吃：臭豆腐配血鸭

食无定味，众口难调。的确，每个人的口味都不一样，有人喜欢原汁原味，清炖清蒸，鸡要有鸡味，鸭要有鸭味；有人却欣赏复合味，烧成"怪味鸡"、"怪味鸭"；有人喜欢味浓的菜，有人偏爱清淡的菜。

现代中国人，尤其是城市居民，口味日趋清淡平和，而强调鲜嫩本味的粤菜似乎迎合了这种口味追求。烹制粤菜，一般不用浓醋浓酱油，油、盐、糖的用量也极少，突出的是原料的本味鲜味，讲究点到为止，分寸适度。现代都市人的这种口味，想必与生活水平的提高有很大的关系。过去食物来源不足，保鲜技术有限，只有依靠各种调料来弥补食物本味鲜味的不足。如今，"汤浓、味重、油足"已经不再是中国人对于好菜好味道的标准了。

另外，由于地域气候、生活习惯的不同，人们在饮食口味上的差异也很大。中国人还有按时令调味的传统和习惯，比如，春天万物萌发，食物最容易受细菌污染，拌凉菜时就放些酸醋和蒜蓉；夏天水分消耗多，喜欢吃些碱性而略带苦甘味的东西，比如苦瓜、冬瓜、芥菜；秋天，多吃热量高而带香辣麻辣等刺激性调味的食品；冬天，需补充高热量的厚味食品。

五味调和，首先是为了滋味，为人的口舌带来直接的感受，同时对人的肌体有重要的调节作用和保健功能。中医理论认为，辛味具有宣散润燥、行气血的作用，可以用来治疗感冒、筋骨寒痛、肾燥等；甜味有补益、缓急的作用，可改善心情，

吉林一菜市场内售卖的各种调味料

河南开封，鼓楼夜市小吃摊上供食客自取的调味料。

蜂蜜、红枣还是身体虚弱病人的营养品；酸味有涩肠止泄、生津止渴的作用，熏醋预防感冒、醋煮鸡蛋治疗咳嗽等民间秘方，已被现代医学证明效果不错；苦味可清热、明目、解毒。五味调和是身体健康、延年益寿的重要条件。

　　总之，所谓"五味调和"，应该包含下列三层意思：一是每一种菜肴应有自己的独特风味，而一桌菜肴，要注意各种味道的搭配，要在总体上协调平衡；二是要浓淡适宜，调味品要各尽所能，促使菜肴的滋味更丰富多样；三是进食时，不可偏重某一口味而过量食用。"和"是中国哲学思想和美学思想的精髓，有"和谐"、"和平"、"中和"、"调和"等多重含义。"和"也成为中国烹饪艺术追求的最高境界，而"五味调和"的烹饪理念和烹饪技艺，折射出的是中国人讲求适度、平衡、和谐，以及重视自然、注重领悟的思想。

烹调的艺术

中国古代把以烹调为职业的人称作"庖"，现代称作厨师。与名扬海外的中国菜相比，这些美味的创造者，大都默默无闻，名不见经传。在中国历史上，彭祖和伊尹算是比较有名的厨师了。其中，伊尹（生卒年不详）是有文字记载的第一位名厨，也是商代的一位丞相。他不仅博学而有韬略，而且以高超的烹饪技术深得统治者的信任。每到宗庙举行祭祀的时候，伊尹就会从调味到烹饪、到天下美食，分门别类、详细地跟商王讲述膳食，并阐发出许多治理天下的大道理，因此被民间奉为"厨神"。后来历史上也有人因为厨艺高超而得到高官厚禄的，但得此殊荣的毕竟是少数，更多的"庖"还是服务于达官贵人。

但在中国民间，厨师一直都是一个受人尊敬的职业。厨师们立身处世，靠的是自身的技艺和绝活。服务于普通百姓的，是大众餐馆里的厨师，古代称为"市厨"。随着饮食业的发展，厨师的分工

三国蜀国庖厨俑，四川忠县出土，北京首都博物馆藏。

越来越细，也就有了烹调师、面点师等新名词。厨师技艺的传承也不再是过去单一的师傅带徒弟，言传身教，而是作为现代职业教育培训的一个重要专业，在专门的职业学校中学习，并可获得《中华人民共和国职业资格证书》。这个专业的学生不仅要学习烹饪技术，还要学习营养学的基础知识。而厨师的晋级，则要通过专业测评。

在家主持烹调的主妇，古代称作"中馈"，虽不算厨师之列，但手艺好的，惹得好吃者垂涎也是常有的事。而且古代女子学习厨艺，还是出嫁前"家庭教育"的必修课之一。今天，现代女性走出家庭进入职场的现象已相当普遍，但做得一桌好饭菜的主妇仍被视为家人的荣幸和骄傲。

说到对发展中国饮食文化最有贡献的一群人，不能不谈到美味佳肴的鉴定者、总结者——古代的文人士大夫。正是通过他们的记述，厨师的技艺才得以流传，而且他们的文化修养和细腻的审美感受，将中国的烹饪技术提高到艺术的境界。有时他们还亲自参与菜式的创制，把下厨做菜作为一种娱乐消遣、一种自得其乐的生活方式。比如中国宋代的文学家苏轼（1036—1101，号"东坡居士"），知味善尝，他独创的"东坡肉"味美色香，是一道传世名菜。而清代诗人袁枚（1716—1797）更在他的著作《随园食单》中详细记述了中国14世纪到18纪世纪中叶的326种菜肴饭点，山珍海味，一粥一饭，味兼南北。他以精妙的点评和丰富的烹饪知识，为中国的饮食文化保存了一份珍贵的史料，被后人奉为品位至高的美食家。而传统上，富裕的人家都雇有自家的厨子，从日常饮食到大小宴会都由他们打理，设宴通常也都在自己家中，不去饭馆。所以，谁要是能雇到技术一流的名厨，也是一件值得炫耀的事情。在这样的社会风气带动下，厨师的厨艺整体上得到了长足的发展。

四川都江堰青城后山，坝坝宴中忙碌的厨师们。坝坝宴是成都平原农村的地区风俗，凡是哪家结婚、生子、建房等，都要请亲朋好友来相聚，大吃一番，俗称"吃九斗碗"。

浙江泰顺雅阳镇元宵节举办百家宴，主妇们齐心协力烧大菜。

甘肃兰州，拉面馆的师傅在调配料。一般面出锅后，要加入香菜、蒜苗、白萝卜、辣椒、牛肉等配料。

　　厨师的烹割之术，包括配料、刀工、火候和具体的烹调方法。在日常生活中，用来做菜肴的原料有蔬菜、鱼虾、肉类、禽蛋等几类，而所谓的厨艺，主要就是采用适宜的调料对这四样原料的合理搭配和烹制。吃中餐与西餐不同，比如吃西餐里的牛排，点菜时，侍者一定会问：烤还是煎？几成熟？五成？七成？全熟？厨师完全按食客的要求煎烤，并不加调料。调料要在牛排上桌后，由食客自己加。撒多少盐或者胡椒粉，浇多少柠檬汁或西红柿汁，全看食客的口味。点中餐时，却要依照现成的菜谱，菜怎么做，是煎是炒，是煮是蒸，生熟老嫩，放不放辣椒，淋不淋醋，加多少油，放多少盐，除非客人主动提出要求，否则一切都交给厨师决定。因此，同一道菜，同一位厨师，做法总体上不会有什么大的变化，无论什么人来吃，基本上是相同的味道。

　　配料，是中国厨师的首要技艺，是做好美食的基础。配料要精要细，要考虑原料的性质，如品种、产地、生长期，又要考虑到成菜后的色香味以及色彩、形状、口感的搭配等。比如北京烤鸭，一般选用北京产的"填鸭"，体重 2.5 公斤左右，过大则肉质老，过小则不肥美；"滑溜肉片"，要选用猪的里脊部位的肉；"荷叶粉蒸肉"，选用肥瘦适中的五花肉；而西红柿与鸡蛋合炒，红黄相间，色彩突出。在菜肴形状上，一般要丁配丁，丝配丝，尽量保持一致；口感上，一般是软配软、脆配脆、韧配韧，如鱼烧豆腐、蒜薹炒鱿鱼等。有时还要根据菜肴风味，对选料进行特殊处理，如杭州名菜"西湖醋鱼"，用的是当地淡水湖中的活草鱼，虽然鲜美，但肉质松散有泥土味，因此要先装入特制竹笼，放在清水里"饿养"两天再烹调，以求其色鲜肉嫩。

当然，各种菜肴原料的搭配还是以是否有益于健康为首要考虑的。比如萝卜有去热消火的效用，所以和性热的羊肉搭配就很合适；菠菜、西红柿含有较多的酸性物质，如果与含钙较多的豆腐合炒，形成钙盐，则不利于肠胃吸收。

烹饪的火的强弱、食物在火上烹煮的时间长短，就是中国人所说的"火候"。火候是中餐烹调中最重要的一环，同时也是最难把握的。煎炒要用旺火，不然炒出来的菜就会疲软；煨煮要用温火，时间较长、火力太猛，食物就会干瘪；油炸则时间不能太长，否则会变老变味。做鱼最讲火候，烧得最好的鱼，吃的时候色应白如玉，肉凝不散。有些食物是可以愈煮愈嫩的，比如鸡蛋和腰子；有些食物却多煮一下都会口感老硬，如鲜鱼和蛤蜊等水产。火候瞬息万变，没有多年实践经验，很难做到恰到好处。因此，掌握适当火候是中国厨师比试技艺高低的重要指标，能否成为名厨，这一点非常关键。有经验的厨师要嫩就嫩，要酥就酥，能做到甜酸咸辣淡恰到好处。比如炒猪肝，一定要用旺火把油烧到七八成熟，油要冒青烟，猪肝入锅，快速翻炒，勾芡，再颠簸两下即成。火力不足，热度不够，猪肝就会由嫩变老；相反，火力太旺，油锅太热，猪肝一爆炒，也会影响嫩度。

火候，从字面上看，是指燃料燃烧的火力情况，但在烹调中却不是如此简单。烹饪的原料、炊具以及传热介质都与火候有关。现代人烹调食物，基本上用的都是天然气或煤气炉。古人用柴火烹调是很讲究的，比如，用桑柴火炖老鸭或其他肉类，既易烂又解毒；用稻穗火煮饭，据说有安神的功效；用麦秸火，则能消渴润喉利小便；用松柴火煮饭，壮筋骨，但不宜煮茶，煮茶要用炭火；用茅草柴火则能明目解毒；熬补药就要用芦苇柴火和竹木柴火等。如今，这些习俗或多或少还保留在一些边远地区，但在城市中已经做不到了。

不过，现代人的烹饪器具有了更多的选择。炒菜需要火力集中，就用圆底炒锅；煎制需火力均匀，就选平底铁锅；一些炖品，要小火慢炖，如老母鸡炖汤、排骨炖萝卜、银耳莲子汤等，中国人习惯用砂锅。

刀工，是指厨师对原料进行的切割处理。东西方厨艺的差别，在这一点上表现得十分明显。中国人的食物是经厨师精心切好后再下锅，西方人一般是等吃的时候个人用刀叉切割后进食。显然，中国厨师

江西特色瓦罐煨汤

一位年轻的厨师展示刀工：将 25 厘米长的黄瓜切成了 1 米多长。

更重视刀工，也是最值得骄傲的案头功夫，像直刀法、片刀法、斜刀法、剞刀法（在原料上划上刀纹而不切断）等，有名目的就有 100 多种，操作的手法都不简单。就说"炒腰花"，很普通的菜，可运用的刀法竟达 10 多种，炒出的腰花可呈麦穗状、荔枝状、寿字状、梳子状、兰花状、蓑衣状等。原料不同，刀法也不同，"横切牛肉顺切鸡"说的就是这个道理。牛的肌肉纤维比较粗，沿着与肌肉纹理垂直的方向切容易熟，而鸡的肌肉纤维比较细，顺着鸡肉的肌理切，则比较容易保持其细滑的质感，否则下锅稍一翻炒就成了碎末。

能否真正将食物做熟、做好，则有赖于烹调技法。西方人烹调，不外油炸、水煮、热烤。相比而言，中国的烹调技法可谓丰富之极，像炒、爆、炸、煎、烩、炖、煮、蒸等，不下 20 种，而且每种技法都有代表性的名菜。最普遍采用的还是"炒"。"炒"对于外国人，很难领悟，英语中就没有相当于"炒"的词，一般翻译成 stir-fry（一面翻腾一面煎），而且他们根本没有厨师炒菜专用的炒锅。

香港，大排档的厨师正在猛火炒菜。　　　　　　辽宁沈阳，一位表演同炒十锅菜的厨师正在翻锅。

　　一般的中国家庭炒菜，对锅都不是怎么讲究。大多是一锅多用，既炒菜，又烧汤。但专业厨师则要用专门的炒锅。炒锅有一个手柄，以便把锅端起来上下左右翻动。翻锅可以让各种原料辅料均匀混合，使炒制出来的菜肴火候恰到好处，生熟老嫩程度一致。翻锅的技术相当复杂，有着一整套连贯的动作步骤，有的厨师翻锅就和杂技表演一样，把锅端起来往上一扬，花花绿绿的菜片菜条在空中划出一条优美的弧线，再依次落入锅中。这一套翻翻搅搅掂掂的"炒"功，是用西式平底锅所无法施展的，堪称中国厨师的又一门绝技。

　　中国人在汉代之前，还没有"炒"的烹饪方法，当时的主要形式是羹汤、火烤、水煮、油炸。"炒"一经发明，就为大多数人所接受，并独占鳌头，甚至成为一切烹饪活动的总称。很多中国人都把动锅做菜，不管是煎、炸、煮、蒸，都通通叫"炒菜"。

　　色香味，是中国人判断菜肴优劣最重要的综合标准。只有色香味俱佳，才能算一盘好菜，而炒菜是最容易达到这种效果的烹饪方法。炒，不受原料品种、数量、形状的限制，萝卜、白菜、黄瓜、豆角、豆腐，或细丝或薄片或碎末或丁块，都可以炒到一个菜里，这就为"色"的创造提供了一个广阔的天地；炒菜，大都需油热火旺，将精工细切的材料在油锅中翻炒，最容易入味，促进香气的散发，尤其是用蒜末、葱段炝锅，更是浓香扑鼻。而且，炒也暗合了营养之道，炒菜的时间一般都很短，食物迅速加热，营养成分不容易流失。

　　放眼世界，举凡讲究饮馔、精于烹饪的国家和地区，历史上必定都出现过高度发达的文化，社会财富也达到过相当充裕的程度，才有充足的时间和财力追求饮食的情趣和技巧。精湛的烹调工艺，使中国菜具有了独特的魅力和风味。但是这门技艺正受到时代的考验和挑战。比如，随着食品加工业的机械化、自动化，超市里配料齐全的半成品、速冻食品已颇有市场，越来越智能化的电子炊具的出现，使得许多家庭的烹饪完全可以通过程序控制来实现，配菜、火候、刀工这些中国厨艺的基本功，似乎越来越没有用武之地了。不可否认，中国的烹饪技艺在某些领域的作用正在逐渐缩小，尤其是面对那些大批量生产的食品。但是，中国人的生活习惯，特别是对色香味的追逐，注定了中国人要坚持"食不厌精，脍不厌细"的饮食传统。

养生之道

在中国的饮食文化中，还有一个极其重要的内涵，这就是饮食疗法，中国自古就有以食当药、以药当餐的传统。中国古代传说中的农业神——神农氏，不仅教会了人们种庄稼，还是"尝遍百草"的药王。虽然是神话，但却反映了中医的一个重要思路——"医食同源"，就是吃饭果腹与防病治病即养生有着相当密切的联系。

中国自古以来就十分重视养生之道，中国的医学经典《黄帝内经》首先提出了辩证饮食、多样饮食的观点，只有多样，才能营养全面、五味全面，不至于因为某味太过而伤及脏腑。以食当药，利用食物不同的味道、特性及其营养成分来影响肌体的功能，依靠日常的饮食来增强体质、抵御疾病，是中国饮食文化的重要内涵和一大特色。

与药物相比，食物较为平和，而且每一种食物中都含有"精微"物质，在人体中发挥着不同的作用。比如同样是清热，梨偏于清肺，香蕉偏于清肠热，猕猴桃清膀胱热。食物味道不同，对人体的作用也不同，一般认为"酸入肝，辛入肺，苦入心，咸入肾，甘入脾"，不同味道被不同的脏器吸收，发挥不同的

安徽霍山农民正在晾晒百合。百合是重要的食疗食物，有润肺止咳、清心安神之效。

小茴香具有开胃进食、理气散寒之效，它的嫩叶常被用来作馅包饺子或包子，果实则是重要的调味品。

效能。饮食偏咸、偏甜、偏酸、偏辣，对身体都不利。食盐过量，会损伤心脾肾，诱发高血压；酸辛太过，会刺激胃粘膜组织，诱发溃疡病。因此，养生之道，讲究的是五味平和、饮食清淡。

过去中国人吃肉少，肉食在膳食结构中不占主要位置，这本来和经济发展水平有很大的关系。但是，从养生学和营养学的角度分析，中国人历史传统形成的这种以素为主、以荤为辅、荤素搭配的日常饮食结构，相对西方以肉食类食物为主的饮食结构，有其科学合理之处。

中国人自古还有喝粥求长寿的观点，方法是每天一大早空腹喝淡稀饭一碗。中国民间有"吃肉不如喝粥"之说，长时间的煨煮，蛋白质、维生素、无机盐等营养成分浓缩到粥里，从而可以快速而有效地达到进补的目的。同时，粥还可以调节胃口、增进食欲，补充身体需要的水分。吃惯了大鱼大肉的人，喝点五谷粥、蔬菜粥、野菜粥，滋阴补肾，是中国人特有的"饮食养生"之道。

饮食清淡、常吃素食、多喝粥一直以来是很多中国人健康饮食的不二选择。以蔬菜、菌类、豆制品为原料的素食，极易消化，营养丰富，现代医学也证明是值得推广的健康食品。素食的发展与佛教的传播关系密切。佛教初入中国时，佛教徒的食物没有严格禁忌，后来，南朝（420—589）虔诚的佛教徒梁武帝（502—549 年在位）认为食肉就是杀生，违反佛教戒律，因而大力提倡素食，禁止僧侣食肉，并靠皇权势力对饮酒吃肉的僧侣严加惩罚。于是，佛教寺院禁绝了酒肉，僧侣开始常年吃素，并影响到在

潮州名菜：砂锅龟蛇会。其中的乌梢蛇和龟都是重要的食疗食物，乌梢蛇肉有祛风除湿、通经络、定惊、解毒之效，龟肉则可滋阴补血、止血。

家修行的"居士"。吃素人数的扩大促进了全素菜肴的完善，直到宋代，由于文人士大夫的推崇，素食才大放异彩。与珍馐美味相比，素食较寡淡无味，要使之被大多数人所接受所喜欢，必须烹调有法。市井的饮食行业为了满足佛教徒的需要，也加入到开发经营全素菜肴的行列中，对素食的发展也有很大影响。当然，现代中国人已经认识到单纯吃素营养不够全面，比如人体所必需的元素——钙、动物蛋白等摄入不足。人们的健康意识更加明确，合理的膳食结构越来越受到现代营养学、健康学的重视。

此外，以食物补养身体，还讲究四季的变化和人的年龄的区别。春季是由寒转暖的时候，吃些辛辣的蔬菜可以通五脏之气；夏季湿热，绿豆汤、酸梅汤、百合汤、凉茶等，都有防暑保健作用；秋天空气干燥，应多吃清燥润肺的食品，比如梨、柿子、橄榄、萝卜、银耳。中国民间比较青睐萝卜，萝卜很便宜，健身效果又很明显，萝卜烧排骨、萝卜炖羊肉，都兼具食疗保健的功效。板栗、山药、田螺，也都是秋季的滋补时令食品；冬季是"进补"的最佳时期，中国人到了冬天，喜欢吃鸡、猪蹄膀、牛羊肉、桂圆、核桃、芝麻等高脂肪高热量的食物，尤其对于体弱怕冷的人，还可以吃点狗肉，以补充身体的热量。

人的年龄不同，食疗的原则也不一样。比如中年是人体由盛转衰的转折点，需要保健类的高能量的饮食，同时适当增加抗衰老食物，以减缓衰老的速度；而老年人新陈代谢慢，应当少吃四条腿的牛羊猪，多吃两条腿的禽类、一条"腿"的

游客在广西北海素食文化节上品尝素食。由北海市佛教协会主办的素食文化节，旨在向民众提倡清淡饮食，倡导素食健康文化。

菌类和没有腿的鱼类……这些保健知识已为越来越多的中国人所了解。

食疗在中国民间一直都很盛行，有"药补不如食补，食疗胜似药疗"的说法。用日常的蔬菜水果防病治病，几乎是家喻户晓。家里有人伤风感冒，切几片生姜，加几段葱白，用红糖煮汤，趁热吃下，再盖上厚被子发发汗就好了；清炖老母鸡、小米加红糖和炒熟的芝麻，是大多数产妇生产后的首选食物，可以帮助她们迅速恢复体能、温热补虚。

药膳是将中药与食物一起烹饪，但品种和剂量都有严格的限制，与以食当药的食疗是有区别的。药膳，大多是为了使味道不佳的药物具备诱人的味道，变用药为用餐的方式。药与膳的结合，形成一种特殊的食品，取药之性，借食之味，将中国的食疗学推向了一个新的阶段。现代热门的药膳，不外乎粥食、面

乌骨青丝汤
原料包括乌骨鸡颈、鸡脚、猪皮、天麻、何首乌、西洋参、冬虫夏草、黑豆、黑枣。乌骨鸡是中国特有的药用珍禽，其营养价值远高于普通鸡，具有滋阴清热、补肝益肾、健脾止泻等功效，自古就被用来治疗妇科病。

糖炒栗子是京津一带别具地方风味的著名食品，也是具有悠久传统的美味，有健脾养胃、补肾强筋、活血止血之效。

点、羹汤和菜肴，虫草鸭子、白果全鸡、黄芪炖鸡、米酒炒田螺、莲子猪肚、百合粥、茯苓饼、山药糕等都是常见的药膳。如今，中国的大小城市都有专营药膳的餐馆饭庄，生意颇为兴隆。

中国的药膳不仅在本土发扬光大，而且漂洋过海，逐渐被外国人接受和效仿，进入到当地的饮食生活中。如菊花酒、人参酒、乌龙茶等这些中国传统的保健饮品，在国外都很有市场。西方名酒"杜松子酒"，其主料就是中药柏子仁，有养心安神的作用。

中国的食疗和药膳被越来越多的外国人所接受，其实反映了人类对健康和长寿的普遍愿望。西药虽可消除很多病痛，但由于其多为化学合成，有的副作用较大，更别提什么营养价值了。而中国的药膳，多属于天然植物，长期适量服用较为安全，更重要的是可以补养身体，保持健康，增强抗病能力，从而达到养生的目的。

吃的禁忌

　　中国人的哲学传统讲究"天人合一"，这种文化心理反映在饮食方面，就是食者与食物的和谐相处、共生共长，于是在中国人的日常饮食中就有了许多禁忌。比如食物的合理搭配、时令或日常饮食禁忌以及发物和忌口等问题。这些禁忌有的是世代相传的经验之谈，有的是现代人总结出来的科学理论。总之，吃的问题还真不那么简单。

山东名吃：煎饼蘸酱卷大葱

陕北传统宗教活动"清醮会"打醮期间，吃烩菜和馒头的人们。打醮期间不能动荤，只能吃土豆白菜粉条炖的大烩菜和馒头。

中国人吃饭讲究食物搭配，吃饺子要配醋，煎饼卷大葱要蘸酱，吃油条喝豆浆，吃面条离不开"菜码儿"。一桌家常菜，必定有荤有素，这叫荤素搭配、阴阳平衡。此外，还讲究主副食搭配，比如大米配牛肉，牛肉味甘而平，稻米味苦而温，两者甘苦相成，是很好的主副食搭配。羊肉与黄米、猪肉与谷物、鸟禽与白面，也都适合搭配。与此相对，有一些性味不合的食物，如果搭配起来，就会惹麻烦，损害健康。比如，螃蟹和柿子、兔肉和芥菜、鸡肉和芹菜、兔肉和鸭肉、猪肉和大豆不能一起吃，这些都属于食物搭配的禁忌。很多人有这样的经历，吃过酒宴后，不仅不感到畅快，相反还会莫名其妙地难受，甚至病倒。这样的情况往往就是因为吃得太多太杂，吃了性味相左的食物。

中国民间关于吃的禁忌具有明显的时令特点，即饮食要根据季节的变化而变化。同是一种食物，某个时令最适合食用，但另外的时令就不适宜了，这就是"时令食忌"。民间至今认为，冬春两季吃韭菜可以"暖腰膝"，而夏天食之则"令人目昏"；还有辣椒，江西人喜欢夏天吃新鲜辣椒，冬天吃干辣椒，到了秋天一般就什么辣椒也不吃了。

在日常饮食中，中国人也总结了许多吃的禁忌，比如早餐不宜全吃干食或只吃鸡蛋；饭前饭后忌吃冷饮；饭后不宜喝浓茶，也不要马上吃水果；长时间用嗓后不宜马上喝冷饮，旅游乘车前不宜吃得过饱；运动后不宜多吃糖；等等。对于这些禁忌，有的人不是很在意，不过一旦身体有了毛病或者在特殊时期，比如妇女孕期和产后，饮食上的禁忌就必须严格遵守了。俗话说"三分治疗，七分养护"，如果不了解"发物"和不重视"忌口"，饮食不当，很有可能产生不良反应，甚至加重病情。

所谓"发物"是指能诱发疾病的食物，发物的范围很广，如鸡头、猪头、海鲜、鱼类、牛羊肉以及各类调味品。中医对病人的食禁颇多，病症不同，"忌口"自然不同：如果身体虚寒，四肢发冷，西瓜、香蕉、梨等凉性食物就不宜食用；如果发热口渴，失眠心烦，最好不要吃生姜、胡椒、白酒；哮喘病发作时，蛋、牛奶、鱼虾等高蛋白食物就应当"忌口"；感冒后不宜进食冷饮冷食、油腻粘滞和刺激性食物；服用补药时，应少喝茶、少吃萝卜，否则会降低补药的功效；等等。

至于用来提味的葱、蒜，本来是中国人炒菜常用的调味品，尤其是北方人还喜欢吃生葱、生蒜。但是，

1991 年，上海市松江县，香客在寺庙斋堂进餐。

2013 中国（青海）国际清真食品及用品展览会上，一家伊朗客商的展位生意火爆。

葱、蒜也属于"发物"，不仅一些病人不宜吃，正在"上火"的人也不能吃。尤其是老年人，吃多了葱蒜，眼睛会发干，影响视力。

孕妇的饮食，原则上是要全面营养，不偏食，少吃或不吃辛、热、温燥及油腻不易消化的食物；在刚生下小孩的三四天内，则要吃素，因为吃荤，尤其是鲤鱼、鲫鱼等发物，非常不利于产后的伤口愈合，而暖身补气的乌鱼对伤口的愈合是大有好处；之后，一般用鲫鱼、猪蹄、鸡蛋等"发物"来催出奶水。

当然，中国人关于吃的禁忌，有的只是一种民间风俗，并没有什么科学道理。比如有些地方认为孕妇不能吃兔子肉，否则生出的孩子容易长兔唇；不能吃驴肉，否则孩子的脸会像驴脸那样长；还不能吃鳖肉、鳗鱼、泥鳅，说是吃了这些东西，孩子会长成小头小脸小眼睛。从科学的角度来看，这些饮食禁忌显然是荒唐的，但却寄予着父母对于即将出生的子女的美好希望，也是中国民俗文化的一种反映。

由此可见，吃的学问还真大。饮食与文化有一定的相关性，在一种文化中人们偏爱的食物，在另一种文化中可能就是一种禁忌。比如印度人把牛当作圣物并立法禁止宰杀，犹太人则厌弃猪肉，而欧美人对这两种肉都来者不拒，但当他们看到一些民族吃昆虫和狗肉时就觉得恶心。所以，饮食中的禁忌也可以看作是饮食文化中的禁忌文化，而禁忌文化除了在日常生活中的体现，又是跟一个国家或地区的宗教信仰、民族或行业习俗和传统密切相关的。

中国饮食在宗教方面的禁忌主要体现在佛教、道教和伊斯兰教文化的影响。比如，中国汉传佛教是

杭州灵隐寺内的云林素食店

禁止信徒吃肉的，吃肉就是杀生，就是违反戒律。但在印度、斯里兰卡等国家，以及中国藏传佛教（主要分布在西藏、青海、内蒙古、四川、甘肃等省区）和南传佛教（主要分布在云南的傣族、布朗族、德昂族聚居区）的僧人中，并没有这条教规。其实这更多地暗合了中国古代的礼法——祭祀前要沐浴更衣，不饮酒、不吃荤，以表示虔诚。汉传佛教禁止教徒吃肉饮酒，是与汉民族固有的风俗习惯有着共同的文化心理的。与汉传佛教禁止饮酒吃肉的出发点不同，土生土长的中国道教教义中虽然也有禁止食肉饮酒的规定，但它的目的是保养脏腑、休养精神，因此不主张味道繁杂，认为神仙就是因为不食人间美味而得道成仙的；同时，也与抑制教徒的生理需求有关。而伊斯兰教在饮食上最主要的禁忌是源于《古兰经》的规定，其饮食规范已成为全世界15.7亿穆斯林的共同生活习惯。穆斯林清真食品的特点就在于无猪肉、猪油、自死动物肉以及不含酒精或其他致醉致毒等物。中国的回、维吾尔、哈萨克、柯尔克孜、撒拉、东乡、保安、塔吉克、塔塔尔、乌孜别克等信仰伊斯兰教的民族，也都遵守这些传统的生活习惯。这种民族风俗习惯在中国得到了广泛的尊重，无论城乡，大凡有穆斯林聚居，都有清真食品专卖点和清真饭馆；旅馆、学校、医院、飞机、火车等提供饮食服务的公共场所，只要用餐者申明，就能获得特别制作的清真食品。中国相关法规还规定，清真食品必须标明"清真"字样，以便同其他食品分库保管、分车装运、分别出售。

此外，民族或地方习俗以及某些行业传统也对饮食禁忌产生了重要的影响。

比如中国南方的一些地区视蛇肉为美餐，而有些地方则认为吃蛇是一种亵渎神灵的行为，因为他们认为蛇是护佑人类的神灵，不但不能吃，反而应该爱护有加，这样才能达到人与蛇的和谐相处。

沿海地区的渔民，由于其职业的特殊性，在饮食上禁忌也很多。他们的菜肴主要是鱼，每逢新年，吃的第一顿鱼，必须把生鱼先拿到船头祭龙王海神；吃鱼时，上边的鱼肉吃完后，将鱼骨头抽去，再吃下边的鱼肉，不可将鱼翻转吃；每顿鱼不许吃光，必须留下一碗鱼肉或鱼汤，投在下一顿鱼锅内，意味着鱼来不断；平时吃剩的饭菜，包括鱼骨头、涮锅水等，一律不准倒进大海。

又比如中国西部的藏族人，在食肉方面的禁忌较多，蛇与水产品大都不吃，有的人连鸡肉鸡蛋也不吃。对鸟类、山鸡，藏民更是从不捕食，尤其是雪山鸡，被藏民视为神鸟。即使是吃牛羊肉，也不能吃当天宰杀的鲜肉，必须要过一天。当地人认为，牲畜虽已宰杀，但其灵魂尚存，必须过一天后灵魂才会离开躯体。大蒜也是藏民的禁忌，朝拜神圣之地绝对不可吃蒜，以免玷污了圣洁之地。

比较不同民族或地域之间的饮食禁忌是件很有趣的事儿，不同的民族对于吃的禁忌有时会截然相反。苗族是禁止杀狗打狗吃狗肉的，但朝鲜族人最爱吃也最喜欢拿出来招待客人的就是狗肉了；苗族的宴会上常以鸡鸭待客，尤以心、肝最贵重，要先给客人或长者吃，但怒族人却忌讳杀鸡招待客人，到怒族人家做客，是不能提出吃鸡的要求的。

有的民族的饮食禁忌似乎有些不可理解，比如云南彝族，不能吃推磨时磨轴折断的面粉；如果把羊拉到堂屋正准备杀时，羊突然叫了起来，那么这头羊的命就算保住了；饭桌如果刚刚摆好饭菜，一只鸡无意中从饭菜上面跳了过去，那么这顿饭就得重新做了；小孩不能吃鸡胃、鸡尾、猪耳、羊耳；等等。

从宗教和民族或地方习俗来说，饮食禁忌无所谓对错、优劣。不过有趣的是，饮食禁忌不经意间却催生出了一系列饶有风味的独特饮食。中国特色的全素餐最为典型，许多寺庙和道观都有自己极富特色的精美素菜，在清鲜雅净、花色品种、工艺考究等方面都不逊于荤菜，比如北京法源寺的口蘑锅巴、南京报恩寺的软香糕、南京晓堂和尚的牛首豆腐干、厦门南普陀的汤菜等，都是各自寺院的看家菜点。

吃遍中国

中国幅员辽阔，各地的地理气候、资源物产以及由此形成的饮食习惯不同，逐渐形成了各具特色的地方菜系。在中国，最有影响、最具代表性的要算"八大菜系"之说，大体上有鲁菜、川菜、粤菜、苏菜、闽菜、浙菜、湘菜、徽菜。中国各地的风味小吃，历史悠久，个性突出，自成体系，与地方菜相互辉映，成为中国饮食文化中的宝贵遗产。

各具风味地方菜

　　中国人习惯于将美味佳肴称作"山珍海味"。据记载，历史上熊掌、燕窝、鱼翅、海参、象鼻、驼峰、鹿尾、猴脑等都曾入选达官显贵的珍稀美味菜谱。但在现代中国人的宴饮中，这类食材已属罕见，加之人们爱护动物、保护动物意识的不断深入，许多人都自觉拒食此类菜品。真正代表中国饮食潮流应时应季之变的，是那些各具风味的地方菜。

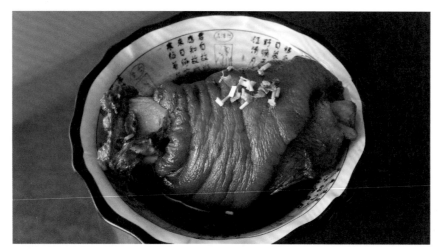

鲁菜宴席中传统的大件菜——红烧肘子

北京仿膳饭庄推出的正宗满汉全席　　　　　　　　　经典川菜：毛血旺

"中国菜"是一个总名称。中国幅员辽阔，各地的地理气候、资源物产以及由此形成的饮食习惯不同，逐渐形成了各具特色的地方菜系。在中国，最有影响、最具代表性的要算"八大菜系"之说，大体上有鲁菜、川菜、粤菜、苏菜、闽菜、浙菜、湘菜、徽菜。中国民间将其高度概括为"南甜北咸东辣西酸"。也有人这样形象地描绘它们：苏菜浙菜好比清秀素丽的江南美女；鲁菜徽菜犹如古拙朴实的北方健汉；粤菜闽菜宛如风流典雅的公子；川菜湘菜就像内涵丰富的名士。美女也好，名士也罢，我们不妨亲自去品尝品尝，感受一下中国地方菜的魅力。

鲁菜即山东菜。由于山东的烹饪技艺成熟得早，鲁菜是中国影响最大、流传最广的菜系之一。山东是孔子的故乡，鲁菜处处体现着孔子"食不厌精，脍不厌细"的饮食理念，选料精，技法细，菜品造型富丽，口味偏咸鲜，具有鲜、嫩、香、脆的特色。常用的烹调技法有 30 种以上，尤其擅长爆、炒、烧、塌、扒。山东人还有嗜葱的习惯，以葱爆锅，以葱调味，也是鲁菜的一大特点，像葱烧大肠、葱油鲤鱼、葱爆羊肉等名菜都离不开葱。其中山东章丘的大葱，棵大、葱白长，微辣带甜，尤其受欢迎。山东人豪爽好客，待客注重宴席的规格、菜肴的丰富，惟恐客人吃不饱吃不好，因此菜量很大，在山东人家做客要有一吃到底的心理准备。

过去，鲁菜一直与皇家关系密切，遇到有皇室路过山东，当地官吏都用上等鲁菜进贡招待，所以鲁菜中有许多带有宫廷色彩的菜名，像贵妃鸡、芙蓉鸡片。明、清两代，鲁菜已是宫廷御膳的主体。以清代国宴规格设置的"满汉全席"，使用全套银餐具，196 道菜全是山珍海味，奢华至极。作为中国北方

重庆的夏天酷热难耐，却挡不住市民吃火锅的热情。

第一菜系，喜庆寿宴的高档宴席和家常菜的许多基本菜式都是由鲁菜发展而来的。不仅如此，鲁菜对北京、天津、河北、东北等地的菜肴都有着重要的影响，比如北京名菜"北京烤鸭"，其中的面酱和大葱是必不可少的，这就是地道的鲁菜风味。值得一提的是，胶东地区的福山素以烹饪文化发达闻名海内外，代有名厨。那里不仅专业厨师手艺高超，家家户户的"主厨"也都做得一手好菜，福山籍华侨还将鲁菜传向了海外。

川菜即四川菜，以成都菜、重庆菜、自贡菜为主构成，烹饪技法以小炒、小煎、干煸、干烧见长。川菜也是一种很早就成熟了的地方菜系，在中国各地有着广泛的影响。一提到川菜，人们的印象似乎只有麻味辣味，其实川菜远不止这两味，味型相当丰富，单看调料就可见一斑——葱、姜、蒜、辣椒、胡椒、花椒、醋、郫县豆瓣酱、醪糟、糖、盐，不一而足。只要巧施厨艺，就能精心调和出酸、甜、苦、辣、麻、香、咸等七种滋味。川菜菜品多为经济可口的大众家常菜，风格朴实清新。许多到过四川的人都说，四川的美味数不清，从家常菜鱼香肉丝、宫保鸡丁、回锅肉、麻婆豆腐到红遍中国的麻辣火锅、水煮鱼，都能让人百吃不厌。

湖南名菜——剁椒鱼头，以鱼头的"味鲜"和剁辣椒的"辣"为一体，风味独具一格。

　　提到川菜，不能不单独说说重庆火锅。重庆火锅最大的特点就是味浓香辣。在中国，火锅到处都有：东北的白肉酸菜火锅、北京的涮羊肉、湖南的大边炉、上海的菊花锅。但最"大胆"的还是重庆火锅，因为它"啥都敢吃"：毛肚火锅、清汤火锅、鸳鸯火锅、啤酒鸭火锅、狗肉火锅、肥牛火锅、辣子鸡火锅、蛇肉火锅等，品种不下百余种。别的地方一般是冬天才吃火锅，重庆人则是一年四季都吃，特别是又闷又热的三伏天，大街小巷的火锅店是最为热闹的。麻得直咂嘴，烫得舌头大，吃得才过瘾。重庆人对付热、对付雾、对付湿的办法就是吃火锅。

　　说到辣味，中国西部各省区都有食辣的风俗，传统认为食辣有去湿驱寒的功效。辣椒是在明末从美洲传入中国的，但起初只是作为观赏作物和药物。最先开始食用辣椒的是贵州及其相邻地区，辣椒曾起过代盐调味的作用。时至今日，不仅川菜以辣味闻名全国，与四川相邻的陕西、贵州、云南、湖北，以及中南部的湖南、江西和广西都有不同特色的辣味菜肴。概括来说，四川菜重麻辣，贵州菜重酸辣，云南菜重鲜辣，陕西菜重咸辣，湖南菜则重香辣。近些年，随着地方菜大举进驻北京、上海、深圳、广州等国际性大城市，这些偏辣味的菜肴越来越受到食客们的追捧。

屋檐下晾晒的腊肉和腊鱼

132

江苏洪泽县，市民排队品尝大闸蟹。

　　湖南菜简称"湘菜"，算是八大菜系中最辣的菜了，在世界上也具有相当的知名度。湘菜刀功精细，用油较重，口味亦浓，多用煮、烧、蒸等技法烹饪，有酸辣、焦麻、鲜香、脆嫩、熏腊等多种口味。辣味和腊肉是湘菜的主要特色。朝天椒是湖南人最喜欢吃的，大到宴会，小到家常便饭，没有辣椒不算菜。腊肉，就是经过炼制的腌肉，正宗的腊肉要用烟熏，微温的烟熏火燎，日久便把肉熏得焦黑，而一种特殊的味道也就熏进去了。腊肉做好后可以长期存储，吃的时候，整块洗净上锅蒸，蒸好了再切薄片，加青蒜苗或者辣椒炒。现在的城里人基本上不再自己熏制了，超市里的腊肉一般也都不是烟熏的，而是涂了调色佐料放到烘房中烤出来的，味道与那种烟熏的"正宗腊肉"相比，已经不太一样了。

广东潮州菜，尤善做海鲜。

扬州"三头宴"蟹粉狮子头，
用肋条肉、蟹黄、蟹肉、青
菜心、虾子等原料制成。

粤菜即广东菜，主要包括广州菜、潮州菜、东江菜。人们一定很想知道为何广东省是中国最讲究吃的地方，粤菜为何有着"海纳百川、融合东西"的特点。广州地处珠江三角洲，水陆交通四通八达，很早就是中国南部的商贸中心。此外，广州是中国最早的对外通商口岸城市，来自海内外的商旅引来了各种风味菜馆，加之当地物产丰富，取料广泛，生猛海鲜、山珍野味无不可入。夸张点的说法就是：广东人除了四足的桌子不吃外，什么都吃。甚至一些不知名的昆虫，一经厨师之手，顿时就变成美味佳肴。广东人尤其喜好海鲜。"宁可食无肉，不可食无鱼"，说的就是广东人，像火腩焖大鳝、五柳鲩鱼、油泡虾仁等都是粤菜中的招牌菜。粤菜的烹饪技法不仅吸收了中国北方各地名厨的专长，而且受到海外华侨饮食习惯的影响，能博取西式菜肴之长用于中式菜品制作，这使得粤菜在中国菜中以选料广博、菜品新奇、口味清淡、讲求营养而独具一格。广东人爱吃，还讲究食补养生，应时当令煲制各种汤粥是出了名的。广东人煲粥，各种粥料一般是放在小砂锅里煮，煮熟后再把配好调味料的鱼、肉放进去，熬至入味，这样"煲"出的粥具有滋养健身、延年益寿的功效。

苏菜即江苏菜。江苏地区多河塘湖泊，气候温和，物产丰富，素有"鱼米之乡"的称号，所以江苏菜讲究鲜嫩，本味突出，几乎没有厚味的原料，就像苏杭山水，透着的是一种温婉与小巧。尤其是外观，刀工精细，造型雅致，宛如精雕细刻的艺术品。即使是普通的豆腐干，也可以切得片片薄如纸，丝丝细如线。镇江的清蒸鲥鱼、杭州的西湖醋鱼和东坡肉、无锡的肉骨头、扬州的狮子头都是苏菜中的名菜。扬州狮子头之名，大概是取其形似，而又相当大，其实就是北方人常叫的"四喜丸子"。狮子头人人会做，但地道的扬州狮子头却不好仿效。猪肉要七分瘦三分肥，不能像击鼓似的剁肉，会把精华剁跑，而要切成小丁，越碎越好。正宗的狮子头油而不腻，不能用筷子夹着吃，要用羹匙舀。南京人最喜欢吃的是鸭子，什么盐水鸭、料烧鸭、叉烧鸭、板鸭，种类很多。最常见的是盐水鸭。入冬时，当地人会将盐水鸭买回去，跟白菜一起熬汤，熬成乳白色，醇香无杂味。

苏菜中历史悠久而且特色突出的是扬州菜、苏州菜和无锡菜。扬州菜的特点是不管如何烹饪都力求保留原汁原叶，菜式不同，滋味也各异。此外，扬州的点心花样繁多，远近闻名。苏州是一座人文荟萃的历史名城，苏州菜的精益求精也是出了名的——特别注重割烹、配料和调味的技艺，即使是一顿普通的家常菜，也是清淡素净，重质而不重量。近年来风靡南北各地的阳澄湖大闸蟹就出自苏州。无锡菜有两大特色，一个是"甜"，一个是"臭"。几乎所有的菜里都放冰糖末子，此为"甜"；臭豆腐干越臭越香，此为"臭"。

浙菜即浙江菜。浙菜的选料讲究"细、特、鲜、嫩"，烹调擅长炒、炸、烩、熘、蒸、烧，在保持主料的本色和真味的基础上，多以当季鲜笋、火腿、冬菇和绿叶菜为辅料，以绍酒、葱、姜、醋、糖为

福建名菜：佛跳墙

调味，达到去腥、戒腻、吊鲜、起香的作用。浙菜主要由杭州、宁波、绍兴和温州四个地方流派组成，其中的宁波菜因地靠舟山群岛，海产丰富，于是就地取材，口味偏咸。杭州是千年古城，风景秀美，口味清淡，基本不用辛辣调料和浓油赤酱，东坡肘子、西湖醋鱼等经典名菜天下闻名。

徽菜即安徽菜，是由皖南、沿江和沿淮三种地方风味所构成。徽菜擅长烧、炖，讲究火功，善用芫荽、辣椒配色佐味，具有质朴、酥脆、咸鲜、爽口的特色。徽菜一百多年前曾蜚声全国，据说当年的徽菜馆排场相当大，一色的红木家具透着富甲一方的豪气。但在现代餐饮业的激烈竞争中，徽菜却悄然没落了，如果不是到黄山旅游，外地人已很难品尝到正宗的徽菜。

闽菜即福建菜，以烹调山珍海味而著称，选料精细，刀工巧妙，口味清鲜淡爽，偏于甜酸，调味善用糟，蒸、煨技术突出。尤其讲究调汤，汤菜众多，变化无穷，素有"一汤十变"之说，名品佛跳墙、清汤鱼丸、鸡汤氽海蚌、小糟鸡丁等都是汤菜。闽菜这几年也是声势渐微，唯独"天下第一汤"——佛跳墙经久不衰。佛跳墙所选材料包括鸡鸭猪羊、海参干贝、鲍鱼飞鸽、香菇竹笋，不下30种，制作程序严格——最好用绍兴酒坛，坛口用荷叶密封，旺火烧沸，文火慢煨至五六个小时。相传庙里的和尚闻到此菜的味道都想跳墙一探究竟，"佛跳墙"便由此而得名。

以上主要介绍了中国传统的八大菜系及其特色菜肴，而在中国的饮食文化中，还有一些或地域特色突出或历史悠久影响深远的地方菜。

古都北京，作为一个国际化大都市，餐馆数以千计，名店不下百家。但北京菜并不在中国传统的八大菜系之列，究其原因，或许就像北京人一样，兼容八方、品种复杂、难于归类吧。北京不仅云集了中国各地的美味佳肴，还有正宗的法式、意大利式、俄式、西班牙式、美式等西餐厅和日本、韩国、印度、越南、印尼、泰国、伊朗等亚洲国家的特色餐厅，可谓极具包容力。近年来，随着人们消费能力的加强，北京已经发展出几条特色饮食街，打出"24小时营业"招牌的店家也在日益增多。说到北京历史悠久的名吃，首推烤鸭。外地人到北京第一要吃的就是"北京烤鸭"，有所谓"不到长城非好汉，不吃烤鸭真遗憾"的说法。"全聚德"的挂炉烤鸭用明火烤，"便宜坊"的焖炉烤鸭用暗火烤，两种"流派"各有千秋。片鸭师傅一般会当众片鸭，每一片要有皮有油有肉，通红发亮，然后蘸甜面酱夹葱丝，卷在特制的荷叶饼里，细腻丰腴。吃烤鸭有"一鸭三吃"的说法，除鸭肉外，还有一碗鸭油、一副鸭架子，鸭油可以蒸蛋羹，鸭架熬汤，鲜美无比。

上海位于华东沿海，与江苏、浙江有着深厚的地缘关系，因此，上海本帮菜基本上都来自宁波、扬州、苏州、无锡，以清淡为主，口感比较平和，小杯小盏，小碗小碟，红红绿绿。提到上海菜，中华老字号的小绍兴白斩鸡是少不了的，民间有"北鸭南鸡"的说法。此外，虾子大乌参、扣三丝、干烧冬笋、贵

北京全聚德烤鸭店，烤炉中的烤鸭。

北京全聚德的服务员教外国客人用面皮卷烤鸭。

黑龙江省牡丹江市宁安县，满族人做传统的大锅酸菜。

妃鸡、椒盐排骨也是享誉大江南北的上海名菜。另外，上海作为中国最早对外开放的大都市，博采众家之长，融合各地菜肴和西菜的一些技法，风味多样，尤其是外国人带来了全新的饮食习惯和西餐的制作技法。

东北菜不同于西南的麻辣味、华南地区的纯甜味，也有别于北方地区的咸香，从菜名、刀功、制作工艺，一直到盛菜的器皿都属于豪放派，浓香浓咸。东北菜擅用炖、炒，以酸菜（一种经发酵腌制的白菜）氽白肉、鸡肉炖蘑菇最具代表性。尤其是东北农村的铜炉火锅，窗外大雪纷飞，屋内土炕盘腿而坐，点起铜炉，酸甜爽脆的酸菜、柔软滑顺的粉条，大片的猪牛羊肉煮得香香嫩嫩。

云南是一个少数民族聚居的省份，菜品带有鲜明的地域特色。野生菌类菜肴是这里独具特色的地方风味。云南鸡枞，素有"菌中之王"的称谓，被认为是世界上已发现的500多种可食用野生菌中最鲜美的，因为味道像鸡，形状特点也像鸡，所以名字和鸡有点关系。鸡枞生长的地方也很奇怪——田野间的白蚁窝上。采鸡枞是很考究的事，要抓紧时机，鸡枞的伞盖未张时最为鲜美；如果出土，伞盖一张，马上纷散，肉就老了。所以，要想品尝新鲜鸡枞的美味，还是非得亲临产地云南不可。鸡枞是时令鲜品，但"油鸡枞"可在过季时大快朵颐，将鸡枞与干椒等用植物油慢火煎炸，然后晾干即成，香味沉郁，类似肉干。鸡枞吃法很多，

野生鸡枞菌

清蒸鸡枞、椒盐鸡枞、油鸡枞、生煎鸡枞等数十道云南名菜都与鸡枞有关。

湖北菜以精致闻名，一道菜常常要经过十几道工序，用料以河湖水产为主，蒸菜最为出色，具有汁浓、口重、味纯的特色。

贵州菜以烹制山珍野味及鸡、鸭、猪、牛、蔬菜、豆腐出名，菜味咸、辣、香，由于吸取了当地少数民族的烹调方法，乡土特色浓郁，著名的菜品有干锅鸡、酸汤鱼、花江狗肉等。

广西菜以烹调野味见长，讲究鲜活，既受到粤菜较深的影响，又喜好辣味，制作技法很有当地少数民族个性。由于出产许多名贵中药材，将菜品与补药巧妙结合制成的药膳，也是广西菜的一大特色。

天南海北，丰富多彩、各具风味的地方菜折射出中国深厚的饮食文化传统以及特色鲜明、个性突出的地域文化。吃遍中国，不仅是一次漫长而奢侈的美味之旅，更让人时刻感受到中国饮食文化传统的博大精深——对于到中国旅游的外国人，无论进宾馆饭店享受招牌大餐，还是到街头小店品尝千滋百味的特色菜肴，都不失为一种直观而惬意的感知中国的方式。

南北西东话小吃

　　所谓"小吃"，与正餐不同，是用来消闲和垫补的食品，一般味道浓厚，味觉刺激明显，温度也很极端，有的特烫，有的特凉。总的来说，北方小吃结实而味重，南方小吃精致而旨甘。当然，小吃最大的优势还在于价格便宜，好吃不贵。所以到中国各地旅行，不一定要上高档饭店吃名馔佳肴，而在市肆店铺甚至街头摊贩，往往能找到不同寻常的味觉享受。人们品尝小吃，果腹充饥倒在其次，悠闲轻松的心态中欣赏当地的民俗风情、历史文化，别有一番情趣。我们还是沿着从北到南、从西到东的路线一路吃下去吧。

　　古城西安是第一站，除了兵马俑、大雁塔等名胜古迹外，最吸引外地人的莫过于西安的传统小吃。西安一带盛产牛羊，牛骨、羊骨具有强精补肾的功效，大餐后扔了可惜。因此，西安小吃大都以骨头、鸡汤、馍饼为原料，或煮或泡，再加上辣椒、香菜等辅料。羊肉泡漠、灌汤包子、酸汤水饺、粉蒸葫芦头都是西安的传统小吃。西安的大街小巷都有羊肉泡馍馆，吃法也很讲究：食客要自己亲手掰馍，掰成黄豆粒大小，把香菜末和辣酱铺在上面，淋上乳白色的热汤，吃的时候最好不要搅拌，而是顺着边儿一点一点吃。

西安小吃：羊肉泡馍

西安贾三灌汤包子

兰州非物质文化遗产陈列馆的牛肉拉面店模拟场景雕塑。　　新疆博乐，一名维吾尔族年轻人正在大巴扎上烤羊肉串。

由西安继续西行，到银川可以吃到脆嫩的烤羊头，到兰州可以吃到地道的牛肉拉面，到西宁要喝浓浓的羊杂碎汤，到乌鲁木齐要吃大串大串的烤羊肉，这些都是当地享誉全国的名小吃。

从西安向南行，就到了"天府之国"——四川。成都小吃与川菜一样，风味各异。担担面、凉面、凉粉大都麻辣爽口；赖汤圆、麻团、地瓜饼、南瓜饼属于甜食类；老腊肉，用松针熏过，外黑内红，咬起来有点硬，但香味浓郁。此外，肥肠粉、红油豆花、龙抄手、钟水饺、夫妻肺片等也是成都的传统小吃。

从成都再往南一路走下去，就到了云南。说到云南小吃，让人首先想起的就是"过桥米线"和传说中那个提篮端汤、照顾相公的贤良女子。相传清朝时，有位妻子每天给在岛上专心读书的丈夫送饭，可丈夫常常忘了吃饭，饭凉了才随便吃点儿，妻子很是着急。后来，妻子发现罐子炖的母鸡可以长时间保温，聪明的她还把丈夫喜欢吃的米线放入油汤中煮。因为到岛上必经过一座桥，"过桥米线"由此得名。吃过桥米线是有规矩的，要先吃里面的内容，再喝汤，因为上面盖了一层鸡油，汤的温度是很高的。据说以前有个游客，第一次吃云南米线，一端上来就咕咚咕咚喝汤，竟烫伤了。

北方的小吃以北京、天津为代表。北京小吃分为汉民风味、回民风味和宫廷风味三大类，具体品种不下 200 种，灌肠、爆肚、茶汤、豆汁、豆腐脑、炒肝、炒疙瘩、炸油饼、驴打滚、艾窝窝、烧麦等都是有名的小吃。"爆肚冯"的爆肚、月盛斋的五香酱羊肉、烤肉季烤肉宛的烤肉、都一处的烧麦，这些老字号的小吃，如今仍很有口碑。老北京人早晨最喜欢喝的是豆汁儿，味道酸酸的、微甜，外地人一般不易接受。到了冬天，北京人喜欢吃冰糖葫芦。糖葫芦的种类很多——山药、橘子、杏干、黑枣、草莓，但还是山里红最为正宗。山里红，也就是山楂，酸酸的，薄薄一层糖，透明雪亮，极为可口。

　　北京的近邻天津，是一座著名的港口城市，小吃种类多以面食为主，极富北方特色。"狗不理包子"是天津小吃中字号最为响亮的，以汤汁浓厚、馅料鲜香、褶花匀称著称，据说每个包子不能少于15个褶。"天津大麻花"也是驰名中外的津门小吃，尤以老字号桂发祥的"十八街大麻花"久负盛名。天津大麻花和其他地方的麻花不同，是一种什锦夹馅大麻花，就是在白条和麻条中间夹一条含有桂花、桃仁、瓜条等多种小料的酥馅，在干燥通风处放置数月不走味、不绵软、不变质，酥脆奇香。天津还有一种独有的小吃——"锅巴菜"，天津人叫"嘎巴菜"，大张薄薄的煎饼，切成柳叶条，在卤锅内搅拌，五味俱全，趁热吃，味道独特。

砂锅杂烩过桥米线

北京厂甸庙会上的糖葫芦

天津"狗不理"包子店内，母子俩津津　上海城隍庙小吃街生意兴隆。
有味地吃包子。

　　华东地区的各种名特小吃荟萃之地首推上海。来上海吃小吃，城隍庙是首选，而汤包、百叶、面筋算是上海小吃的三大件了。其中小笼包子最为有名，上海人叫"汤包"。好的汤包皮薄馅大汁多，晶莹剔透，但韧性极好，提来提去不带破的。一笼放汤包十个，用松针铺底，既不粘皮又清香。吃小笼包不能着急，不然会烫着，将汤包小心地咬一个缺口，再将汤汁吸出，通常的蘸料是镇江醋配以姜丝。上海汤包以南翔小汤包最为正宗，据说有百年历史了。百叶，上海人叫"千张"，是一种用豆皮做成结子的小吃，有若干层，吃起来清淡爽口。百叶配上金黄色的面筋，再裹上鲜肉；长条形的百叶，圆圆的面筋，浇上高汤，洒上葱花，淋上麻油，色香味俱佳。

　　此外，还有一些地方小吃颇有特色。比如南京的糯米藕、五香鹌鹑蛋、牛肉粉丝汤、炒螺蛳、小馄饨、鸭血汤，浓郁厚重而不失细腻秀气；杭州的杭白菊花糕、茉莉西湖藕粉、猫耳朵、酥油饼，如同风光秀美的西湖般精致温婉，让人浮想联翩；福建小吃，大都取材于沿海沙滩的各式海产珍品；广东的小吃煎、蒸、炸居多，酥皮莲蓉包、蟹黄灌汤饺、干蒸烧麦、沙河粉、猪肠粉、双皮奶、腊肠这些煎炸小吃吃多了，难免会上火，于是饮凉茶也是广东人饱食小吃后的习惯。

广州早茶点心：虾饺、烧麦、凤爪。

　　中国各地的风味小吃，历史悠久，个性突出，自成体系，与地方菜相互辉映，成为中国饮食文化中的宝贵遗产。但是目前，这份遗产的前景堪忧，许多传统小吃及其老字号惨淡经营，有的已经消失或正在消失。小吃这种来自民间、扎根民间的最大众化的食品，费工耗时，利润相对较少，因此有些饭店和私营业主就失去了经营的兴趣。"抢救小吃"现在已经成为许多地方管理者以及民间着手打造的项目。

各式餐馆大比拼

　　近年来，随着中国经济的蓬勃发展，老百姓的生活水平明显提高，人们的饮食需求和方式也开始发生变化，日常饮食更注重膳食平衡与身体健康的关系。健康意识的提高，不仅影响到了进餐习惯和饮食结构，还促进了绿色环保农业的发展，并带动相关饮食行业的调整。另一方面，作为西方消费文化的一部分，西方餐饮业不断开拓中国市场，越来越多的中国人有机会品尝到并不昂贵的西方国家的美食，西式快餐也迅速融入中国这个典型的东方慢食国度，这一切使得中国人的饮食传统和生活方式慢慢发生了改变。

　　20 世纪五六十年代，包括餐饮业在内的各个行业都进行了所有制的公私合营，各餐馆原本相互保密的烹饪技术得以交流和改进，一些失传的传统菜式不断地被挖掘出来，一度出现新菜层出不穷的繁荣景象。但是，由于当时社会上普遍盛行一种反对奢侈、提倡节俭的风气，讲究吃喝被视作是腐朽、落后的思想行为，人们进餐馆吃饭的欲望受到了约束，厨艺的发展也不可避免地受到了遏制。绝大部分国营饭店按照传统惯例，经营的多为正宗菜系，菜品单一，价格颇高，而服务质量也不尽如人意。

　　1980 年 9 月 30 日，北京诞生了改革开放后的第一家个体餐馆——悦宾餐馆。因为当时所有的餐馆都是国营的，粮油、豆腐还要凭粮本、粮票计划供应，一家小小餐馆的营业竟在国际社会引起了巨大反响。店主人至今还清晰地记得，自己在开业第一天用 36 元钱买了 4 只鸭子，做的几道菜全是鸭子菜；而短短数日，来餐馆吃过饭的就有 72 个国家的大使和 74 家新闻单位的记者。

中外食客在北京东直门簋街一家餐馆品尝美味。簋街位于东直门内，在这条一公里多长的大街上，150多家商业店铺中餐饮服务业就占90%，被称为北京的餐饮一条街。这里邻近使馆区，外国游客和驻华工作人员能够方便地品尝到正宗的华夏美食。

　　日子越来越富裕，就有越来越多的人想下馆子，换换口味，吃点在自家做不出来或不方便做的饭菜。不同风味、不同档次的餐饮企业应运而生，个体餐饮经营者在各地纷纷涌现，餐饮行业成为中国投资的热点。经营者们寻访老辈的厨师或者出自名门的美食家，请教过去传统菜肴的制作方法；受到市民欢迎的手工饺子馆、面馆扩张店面，开始同时经营其他菜肴；漂亮的礼仪小姐穿着醒目的制服或旗袍、戴着耀眼的帽子，胸前挂着写有饭馆名字的绶带，笑容可掬地站在新餐厅门前迎候客人。私营饭店由于非常重视服务态度、服务员们彬彬有礼而顾客盈门，而许多位于闹市区的国营餐馆却因态度生硬、菜品单调

广东顺德的一家四合院私房菜馆内景

而在激烈的竞争中渐渐失去了人气。一时间，曾经在城市中消失的美味又回来了，一些经营传统风味饮食的店家在北方被重新冠以"老字号"的招牌，而在上海则以"正宗"吸引食客。

随着社会的发展以及人口的全国性流动，为了满足不同顾客的口味，在北京、上海、广州、深圳等城市，经营地方风味菜肴的餐馆越来越多，川菜馆、粤菜馆、湘菜馆、鲁菜馆、淮扬菜馆、山西菜馆、云南菜馆、贵州菜馆等，各有各的特征，各有各的拿手菜。外国人到中国来，对中国菜一般也没有某地某帮的概念，对饭馆的特色似乎也并不是很在意，只是想尝遍中国的各种美味。这就促使很多饭店兼容并蓄，常常容各地名菜于一席。所以，到中国的某个大中城市旅游，是不用担心吃不到各具风味的地方菜的。当然，为了适应本地居民的口味，一些地方菜会有细微的调整，像北方地区的湘菜馆，辣味明显弱一些。

中国的饮食风尚变化很快，地方菜也是引领潮流一两年——先是举国上下流行吃粤菜，接着是川菜馆的酸菜鱼，新疆的羊肉串，湘菜馆的"毛式红烧肉"，河南的红焖羊肉，重庆的麻辣火锅，东北的饺子，上海"本帮菜"，四川的水煮鱼、香辣蟹……口味的变化堪比T型台上的霓裳艳影，你方唱罢我登场，大有天下美食轮流转的势头。近两年，北京、上海、台北等地还出现了打着"私房菜"招牌的家庭式饭馆，这类餐馆以自创的菜式、点心招徕顾客，讲究就餐环境的私密氛围，情调优雅，一般规模都不大；有的索性以会员制经营，有的则需要提前预约，受到城市富裕阶层的青睐。而结合了西餐宴会特点的自助餐，也让中国人感受到了一份自主选择餐食内容的自由。与在一般的中餐馆照菜谱点菜的进餐方式相比，自助餐最大的优势就在于，不同口味的人聚在一起，可各取所需，既品尝到了自己喜爱的美味佳肴，又在自由的进餐环境中分享了交际、交流的快乐。

位于北京王府井商业街上的东来顺饭庄。中华老字号"东来顺"始建于1903年，1955年实现公私合营。1996年，东来顺走上了特许加盟的连锁发展道路。

1982 年冬，北京市民在东来顺饭庄吃涮羊肉。

　　20 世纪 90 年代以前，人们在餐馆吃饭最看重的是吃的内容，只要价格便宜、量足就很满意了。如今人们的消费需求提高了，填饱肚子已不再是惟一的目的，去餐馆吃饭，吃的不仅是可口的饭菜，还有雅致舒适的环境以及细致周到的服务。于是，家常菜走出家庭、走向市场、走上了餐馆的餐桌。相比地方菜馆的特色佳肴，家常菜在口味上厨艺上并没有特别的独到之处，但许多饭馆都以家常菜作为标榜来吸引顾客，好吃不贵、丰俭自便是一个原因，最主要的还是家常菜的亲切普通，一家人进饭馆吃饭，跟家里没什么两样，自在舒服。起初，经营家常菜的饭店并不大，菜品也不丰富，只有人们熟知的宫保鸡丁、鱼香肉丝、水果沙拉等。近年来，人们的日常饮食方式发生了明显的变化，生日、祝寿、团聚、宴请等家庭餐饮逐渐走向公共场所，小吃、家常菜、快餐极为走俏。家常菜的兴起，既改变了寻常百姓的饮食习惯，又给竞争激烈的餐饮市场带来了新的活力。各种字体的"家常菜"招牌出现在街头巷尾，像"眉州东坡"、"郭林家常菜"等知名的家常菜餐饮企业迅速发展起来，家常菜由家庭常吃的百姓菜逐步发展成为餐馆菜肴、商业菜肴。家常菜的规模不断扩大，在经营什么和怎么经营上，也出现了差异和变化。比如一些家常菜馆的餐桌上，就出现了价格不菲的北京烤鸭。这些菜肴不仅在原料上和普通的家常菜肴有所不同，制作方法也比一般的家常菜繁杂得多，但出自家常菜馆，价格上远远低于高档饭店，也颇受百姓欢迎。

南京新街口，土洋餐饮一分天下。

　　初到中国的外国人，在品尝中餐美味的同时，更愿意在一些传统文化气息浓郁的"老字号"餐馆中感受中国情调。像北京的全聚德、便宜坊、东来顺、丰泽园、仿膳、柳泉居、砂锅居、烤肉季、烤肉宛、功德林，上海的上海老饭店、老正兴菜馆、梅龙镇，天津的狗不理包子店、鸿起顺饭馆、天一坊饭庄等，大都有几十上百年的历史，在激烈的市场竞争中，它们仍然保持着一定的优势，不仅以独到的特色招牌菜招徕顾客，更以其历史文化品位吸引顾客。

　　北京著名的百年老店——全聚德烤鸭店就是一个典范。其实，中国最早的烤鸭店还要属便宜坊烤鸭店，而全聚德烤鸭店则稍后出现，但后来者居上。尤其在外国人眼里，"全聚德"的名声似乎更响亮。许多人都喜欢吃一顿全聚德烤鸭，从中细细体会其百年历史沧桑。全聚德在保持挂炉烤鸭的特色基础上，开创了独具特色的全聚德全鸭席。全聚德烤鸭店的规模日益扩大，在全国设有上百个分店，并成为内地首家 A 股上市的餐饮老字号企业。

　　地处北京最繁华地带——王府井大街的东来顺饭庄，从原来的一个很小的回民粥摊，到经营涮羊肉，逐渐发展成为这一领域首屈一指的老牌名店。除了经营地道的北京涮羊肉外，还发展了多种清真炒菜，如鸡茸银耳、烤羊腿、白汤杂碎、手抓羊肉、炸羊尾等，菜点不下 200 种，奶油炸糕、核桃酪等风味小吃也颇有特色。走进"东来顺"，享受各式清真菜肴和北京特色的涮羊肉，可以从中体会到那种老北京特有的从容自得的心境。

北京莫斯科餐厅是 1954 年开业的特级俄式西餐厅。建筑风格华贵高雅、气势恢宏，充满浓郁的俄罗斯情调。在特定的历史背景条件下，以其华丽、高贵和异域文化色彩给那一代人留下了无穷的回味。60 年后的今天，莫斯科餐厅仍以其独特的风格、崭新的面貌保持着它的盛名。

与地方风味菜馆、家常菜馆和老字号餐馆相比，吸收了国外快餐经营管理模式的中式快餐店尽管只有十几年的历史，却几乎遍布了中国的大中小城市。这类餐馆以全新的经营方式面世，营业时间长，在饮食风味上既保持了传统特色，又能满足顾客随时进餐的需求，而且价位低、品种全、风味多，分餐的方式又很卫生，因此发展势头强劲。随着麦当劳、肯德基、必胜客等西式快餐连锁店在中国各地的发展，可乐、汉堡、匹萨所代表的西式快餐食品尽管价格不低，却被越来越多的中国人所接纳，这几家快餐企业在中国的经营状况也很好。

其实，真正的西餐在中国出现的历史要早得多，大约 700 多年前，意大利人马可·波罗来中国游历时，就将某些欧洲菜点的制作方法介绍到了中国。但当时仅仅是在华外国人的家宴中出现，中国宫廷王府偶尔也制作西餐，但作为中国餐饮业组成部分的西餐行业，还远远没有形成。19 世纪中叶后，伴随着西方列强的入侵，来华居住的外国人逐渐增多，西餐技艺也被"洋人"所雇佣的中国人所掌握，中国人制作西餐、食用西餐不再是件稀奇事儿，并逐渐发展为饮食业的一个经营种类。

改革开放 30 多年来，尤其是新世纪以来，经营世界各国风味菜肴的中国饭店越来越多，既有开在外国人工作生活较集中街区的独立餐馆，也有旅游热点城市专门开辟的特色餐饮一条街，经营各式外国风味食品。这种西式饭店以中国人特有的方式诠释不同地域和国家的饮食文化和风土民情，既丰富了中国人的日常生活、促进了中国餐饮业的繁荣，也使不同国度的人们在饮食中感受到彼此的尊重和包容。

后记：我在美国吃食堂

对于饮食，大多数人和我一样，因为天天接触、天天实践而慢慢成了半个"专家"。之前也写过零星片语的饮食文章，但更多的是知识介绍、菜肴制作，而触发我这次较深入较系统地研究，是和几年前的美国之行有很大的关系。2009 年我在美国中部的一所大学做了一年的汉语教师，期间因为一天三顿在美国的大学吃食堂，以及参加了几次美国人或私人或公务的宴请，我对东西方饮食文化有了切身的感受。相对于美国人对饮食营养健康的粗放型要求，中国人的"吃"实在是太讲究、太有情趣了。

第一次参加美国人的私人家庭聚会，到了才知道：菜点基本上都是客人各自带来的，有肉也有菜，有可乐还有红酒，但大都是冷冷的、干干的。后来陆续参加过各种各样的宴请，也都差不多，好像谈话才是最主要的，吃饭倒在其次了。圣诞节前夕，中国驻纽约总领馆的一个参赞来学校做讲座，也算是高级别的外事活动了，但用餐就三道菜，第一道是蔬菜沙拉，第二道是牛排，第三道是面包。

在美国我是每天都吃食堂的，基本上天天都是汉堡、薯条、匹萨、意大利面、蔬菜沙拉、奶酪、水果、冰激凌，还有煮烂了的南瓜、豆角之类，其他的就想不起来还吃过什么。很多中国学生吃了一段时间就开始自己做饭了，而我竟然坚持不懈地吃了一年。并不是我对西餐多有兴趣，何况高脂肪高热量的饮食对于中国人的胃口也不是很适合。但我喜欢看餐厅里除了吃饭以外的事情。餐厅里有大大小小的圆形餐桌，而且椅子和餐桌都是可以移动的，这样可以自由选择。很多美国学生端上一盘薯条和沙拉，然后就是聊天、娱乐。赶上有学生过生日，会有朋友为他（她）点歌，或者伴奏伴唱。还有就是很多的节假日，比如万圣节，餐厅展台上的超级大南瓜，配上学生们的奇装异服，很是有趣，还可以吃到免费大餐，但无非就是多了一道牛排或猪排。

通常，真正认识一个人往往是看他怎么安排自己的闲暇时光，因为放松的状态往往是个性的真实体现。国家和民族也是如此，只有了解人们日常生活的乐趣，才算是真正进入了她的文化与文明。林语堂在《中国人》里说，"一个较为年轻的文明国家可能会致力于进步，然而一个古老的文明国度，自然在人生的历程上见多识广，她所感兴趣的只是如何过好生活。"美国人宁肯嚼着薯条吃几粒维他命而花更多的时间在健身房，中国人则喜欢在饮食、房屋、养花上倾注更多的情感。不好说哪种生活更文明更有情趣，但自古至今中国的很多文人都把自己对饮食的独特感受郑重地记录并传承下来。李笠翁的《闲情偶寄》、袁枚的《随园食单》、张岱的《夜航船》都是这方面的专著。到了现代，周作人、林语堂、梁实秋、汪曾祺也多有描述。我试图在西方的著述中找寻有关饮食的著述，但收获甚微。或者是西方学者文人不屑于写这些他们认为没有多少价值的琐事，或者他们的历史和生活中在这方面也真的没有什么可写的吧。

2013 年 12 月 22 日（农历冬至）

附录：中国历史年代简表

旧石器时代	约 170 万年前—1 万年前
新石器时代	约 1 万年前—4000 年前
夏	约公元前 2070 年—公元前 1600 年
商	公元前 1600 年—公元前 1046 年
西周	公元前 1046 年—公元前 771 年
春秋	公元前 770 年—公元前 476 年
战国	公元前 475 年—公元前 221 年
秦	公元前 221 年—公元前 206 年
西汉	公元前 206 年—公元 25 年
东汉	公元 25 年—公元 220 年
三国	公元 220 年—公元 280 年
西晋	公元 265 年—公元 317 年
东晋	公元 317 年—公元 420 年
南北朝	公元 420 年—公元 589 年
隋	公元 581 年—公元 618 年
唐	公元 618 年—公元 907 年
五代	公元 907 年—公元 960 年
北宋	公元 960 年—公元 1127 年
南宋	公元 1127 年—公元 1279 年
元	公元 1206 年—公元 1368 年
明	公元 1368 年—公元 1644 年
清	公元 1616 年—公元 1911 年
中华民国	公元 1912 年—公元 1949 年
中华人民共和国	公元 1949 年成立